国家自然科学基金面上项目（42074164）
国家自然科学基金面上项目（41874150） 联合资助

# 粘弹各向异性介质多分量瑞雷波波场模拟及传播特性

NIANTAN GEXIANGYIXING JIEZHI DUOFENLIANG RUILEIBO
BOCHANG MONI JI CHUANBO TEXING

宋先海　张学强　袁士川　著

中国地质大学出版社
ZHONGGUO DIZHI DAXUE CHUBANSHE

## 内容提要

本书系统研究和介绍了粘弹各向异性介质中多分量瑞雷波地震波场和频散曲线快速高精度正演模拟方法，针对浅地表地质结构探测可能遇到的多种典型地层结构模型，深入探讨了多分量瑞雷波波场特征、频散特性和衰减特性，以期推动多分量表面波学科高精度发展。

本书既可作为高等院校从事高频面波勘探、地震勘探和地球物理学等相关专业师生的参考书，也可供其他从事浅地表工程和科研人员阅读参考。

## 图书在版编目(CIP)数据

粘弹各向异性介质多分量瑞雷波波场模拟及传播特性/宋先海,张学强,袁士川著.—武汉:中国地质大学出版社,2023.3

ISBN 978-7-5625-5527-8

Ⅰ.①粘… Ⅱ.①宋…②张…③袁… Ⅲ.①表面波-地震勘探 Ⅳ.①P631.4

中国国家版本馆 CIP 数据核字(2023)第 044370 号

---

**粘弹各向异性介质多分量瑞雷波波场模拟及传播特性**　　　　宋先海　张学强　袁士川　著

| | | |
|---|---|---|
| 责任编辑:张　林 | 选题策划:张　林 | 责任校对:徐蕾蕾 |

出版发行:中国地质大学出版社(武汉市洪山区鲁磨路388号)　　邮编:430074
电　　话:(027)67883511　　传　　真:(027)67883580　E-mail:cbb@cug.edu.cn
经　　销:全国新华书店　　　　　　　　　　　　　　　　http://cugp.cug.edu.cn

开本:787毫米×960毫米　1/16　　　　　字数:108千字　　　印张:5.5
版次:2023年3月第1版　　　　　　　　　印次:2023年3月第1次印刷
印刷:武汉邮科印务有限公司

ISBN 978-7-5625-5527-8　　　　　　　　　　　　　　　　　　定价:88.00元

如有印装质量问题请与印刷厂联系调换

# 前 言

瑞雷波法作为浅地表场地表征新兴领域的前沿学科近年来已成为世界众多优秀地球物理学家的研究热点，并取得了大量令人瞩目的研究成果。然而，由于人类活动等影响导致浅地表地下结构极其复杂多样，现有高频面波方法仍难以准确、高效地刻画浅地表地下介质精细横波速度结构，反演结果多解性强。分析其原因可见，现有表面波法在刻画浅地表结构时主要是基于完全弹性水平层状介质模型，利用单分量瑞雷波相速度频散曲线反演获得一维横波速度结构。因此，现有瑞雷波反演浅地表复杂地层结构极易出现模式误识别，未充分利用多分量表面波相速度、群速度和椭圆极化特性是上述技术瓶颈背后亟待解决的核心科学问题。

因此，迫切需要以更符合实际的粘弹各向异性介质模型为基础，开展多分量瑞雷波地震波场正演模拟和传播特性研究，深入探讨浅地表粘弹各向异性介质多分量瑞雷波波场特征、频散特性和衰减特性，进而为后续开展浅地表多分量表面波全波形反演、相速度谱反演、群速度谱反演和椭圆极化特性反演提供正演模拟理论基础，显著降低反演模型的多解性，有效提高反演过程的稳定性，从而快速精确刻画浅地表介质精细横波速度结构，推动多分量表面波学科高精度发展。

本书是笔者近年来在对瑞雷波勘探理论所进行的一系列深入研究的基础上撰写而成的，同时吸纳了国内外许多具有代表性的最新研究成果。全书内容取材新颖，篇幅适中，重点突出，注重理论与未来实际应用，力图体现国内外在这一学术领域的最新研究进展。本书既可作为高频面波勘探、地震勘探和地球物理学等专业高年级本科生、研究生和教师的参考书，也可供其他从事近地表工程的科研人员阅读参考。

本书在出版过程中得到了国家自然科学基金面上项目（项目编号：42074164和41874150）的资助。

值此，我还要感谢国际30多位知名科学家的热情帮助和指导，在通过国际会议和电子邮件等的多次交流中他们为我提供了前瞻性的学术思想。在完成国家自然科学基金项目过程中，我同捷克科学院表面波反演著名专家Giancarlo Dal Moro教授多次探讨了多分量表面波中的前沿问题；同澳大利亚格里菲斯大学著名专家Seyedali Mirjalili教授多次探讨了灰狼优化算法工作机理和实际瓶颈；同西班牙奥维耶多大学著名专家Juan Luis Fernández Martínez教授多次探讨了粒子群优化算法的改进方案和实际应用；同意大利都灵理工大学著名专家Margherita Maraschini教授、Laura Valentina Socco教授和Sebastiano Foti教授探讨了多模式表面波模式误识别可能形成机理和克服方法。其他的国际科学家还有José M. Carcione、Thomas Bohlen、Choon B. Park、Richard D. Miller、Julian Ivanov、Georgios P. Tsoflias和Lisa Groos等，他们为粘弹各向异性介质多分量瑞雷波地震波场高精度正演模拟具体实现方法给予了大力帮助和指导。以上这些科学家为高频面波提出的建设性意见，使我得到了许多灵感和启迪，这极大地改进了本书的质量，增强了我选题和完成本书的信心！我感谢他们！

同时，我要感谢为本书的撰写提供了相关研究成果的部分研究生。

另外，在本书的写作过程中笔者参考了部分国内外最新文献，在此也向这些文献的作者们致以诚挚的谢意！

目前国内系统研究和介绍粘弹各向异性介质多分量瑞雷波波场模拟及传播特性的专著还十分匮乏，我们非常希望能献给广大读者一本具有重要学术价值的好书，尽管竭尽全力，但限于水平，且时间仓促，书中不妥之处在所难免。凡此，敬请各位专家和广大读者批评指正。

宋先海
2023年1月1日于湖北武汉

# 目　录

**第1章　绪　论** (1)
　1.1　本书研究目的和意义 (1)
　1.2　本书主要研究内容和研究成果 (3)
　　1.2.1　主要研究内容 (3)
　　1.2.2　主要研究成果 (3)
　1.3　本书组织结构 (7)

**第2章　粘弹各向异性介质理论基础** (8)
　2.1　粘弹介质基本理论 (8)
　　2.1.1　广义 Zener 体粘弹模型 (8)
　　2.1.2　品质因子 (10)
　　2.1.3　纵横波相速度频散 (13)
　　2.1.4　数值模拟算例 (13)
　2.2　各向异性介质模型 (14)
　　2.2.1　各向异性介质弹性矩阵 (14)
　　2.2.2　各向异性介质弹性参数 (15)
　2.3　粘弹各向异性介质的本构关系 (16)
　　2.3.1　三维立体坐标系 (16)
　　2.3.2　二维平面坐标系 (17)

**第3章　粘弹各向异性介质多分量瑞雷波正演模拟方法** (19)
　3.1　粘弹各向异性介质波动方程 (19)
　　3.1.1　速度与应力的关系 (19)
　　3.1.2　应力与应变的关系 (19)
　　3.1.3　参考频率项的引入 (20)

- 3.2 边界条件的设定 ······················································ (21)
  - 3.2.1 自由表面边界条件 ··········································· (21)
  - 3.2.2 人工吸收边界条件 ··········································· (22)
  - 3.2.3 弹性界面边界条件 ··········································· (24)
- 3.3 粘弹各向异性介质多分量瑞雷波正演差分格式 ··············· (25)
  - 3.3.1 空间上的差分近似 ············································ (25)
  - 3.3.2 时间上的差分近似 ············································ (26)
- 3.4 粘弹各向异性介质多模式瑞雷波频散曲线正演 ··············· (27)
  - 3.4.1 弹性各向异性介质 ············································ (27)
  - 3.4.2 粘弹各向异性介质 ············································ (29)
- 3.5 模拟参数设置和算法精度测试 ····································· (30)
  - 3.5.1 模拟参数设置 ·················································· (30)
  - 3.5.2 算法精度测试 ·················································· (30)

## 第4章 粘弹各向同性介质多分量瑞雷波波场传播特性 ············ (33)
- 4.1 均匀半空间模型 ······················································ (33)
  - 4.1.1 波场快照的对比 ··············································· (33)
  - 4.1.2 波形曲线的对比 ··············································· (34)
  - 4.1.3 不同偏移距对比 ··············································· (37)
  - 4.1.4 频散能量图对比 ··············································· (38)
- 4.2 两层地质模型 ························································· (40)
- 4.3 四层地质模型 ························································· (44)
  - 4.3.1 速度递增型的地质模型 ······································· (45)
  - 4.3.2 含低速软夹层地质模型 ······································· (45)
  - 4.3.3 含高速硬夹层地质模型 ······································· (48)
- 4.4 复杂地质模型 ························································· (49)
  - 4.4.1 断层地质模型 ·················································· (49)
  - 4.4.2 空洞地质模型 ·················································· (51)

## 第5章 粘弹各向异性介质多分量瑞雷波波场传播特性 ……………… (54)
### 5.1 均匀半空间模型 …………………………………………… (54)
#### 5.1.1 波场快照的对比 ………………………………… (55)
#### 5.1.2 波形曲线的对比 ………………………………… (57)
#### 5.1.3 不同偏移距对比 ………………………………… (60)
#### 5.1.4 频散能量图对比 ………………………………… (61)
### 5.2 两层地质模型 ……………………………………………… (63)
### 5.3 四层地质模型 ……………………………………………… (64)
#### 5.3.1 速度递增型的地质模型 ………………………… (68)
#### 5.3.2 含低速软夹层地质模型 ………………………… (68)
#### 5.3.3 含高速硬夹层地质模型 ………………………… (71)
### 5.4 复杂地质模型 ……………………………………………… (71)
#### 5.4.1 断层地质模型 …………………………………… (71)
#### 5.4.2 空洞地质模型 …………………………………… (73)

## 主要参考文献 ……………………………………………………… (78)

# 第1章 绪 论

## 1.1 本书研究目的和意义

瑞雷波法作为近地表场地表征新兴领域的前沿学科近年来已成为世界众多地球物理学家的研究热点(宋先海等,2010;夏江海,2015;张志厚等,2022)。然而,现有近地表瑞雷波勘探的热点研究主要基于弹性各向同性介质模型,利用单分量瑞雷波相速度频散曲线单目标反演获得一维横波速度剖面和其他岩土力学参数(Dal Moro,2015;Vashisth et al.,2022)。尽管该方法在一定程度上能满足目前实际应用之急需,但现有瑞雷波频散曲线反演存在对实际地下介质近似假设粗糙、极易出现模式误识别(崔岩和王彦飞,2022;宫丰等,2022)、水平分辨率低、反演多解性强、对起伏地表和横向非均匀复杂介质难以适用等亟待解决的难题。因此,迫切需要以更符合实际的粘弹各向异性介质模型为基础,开展多分量瑞雷波地震波场正演模拟和传播特性研究,深入探讨粘弹各向异性介质多分量瑞雷波的传播、衰减和频散特性,深入解析瑞雷波不同分量在粘弹各向异性介质中的波场特征,进而为下列具有前沿性的研究方向提供正演模拟理论基础,在一定程度上克服现有单分量瑞雷波相速度频散曲线单目标反演的不足,拓宽现有瑞雷波勘探理论范畴,推动多分量瑞雷波高精度实用技术发展。

**1. 多分量瑞雷波多目标全波形反演研究**

旨在基于多分量瑞雷波多目标全波形反演(Full Waveform Inversion,FWI)策略,通过最小化预测波场与实测波场数据残差,不断迭代反演更新初始模型,进而重建地下介质精细横波速度结构。由于实际地下介质对瑞雷波的振幅和相位等全波场信息更加敏感,瑞雷波全波形反演不仅能充分利用地震全波场中的运动学和动力学信息,而且适用于起伏地表和地下各种非均匀复杂介质模型,故可进行高精度和高分辨率横波速度建模,可提高瑞雷波在山区丘陵起伏地表和横向非均匀复杂介质中勘探的适应性，以及对起伏地表粘弹复杂介质和较小异常体的精细刻画能力，进而有效克服传统频散曲线反演的不足。

**2. 多站多分量瑞雷波相速度多目标全速度谱反演研究**

旨在基于多目标优化算法进行多站多分量瑞雷波相速度多目标全速度谱反演，全速度谱反演利用的是整个频率速度谱矩阵而不是某条频散曲线，进而充分利用多模式瑞雷波全速度谱反演策略有效避免模式误识别，充分利用瑞雷波相速度多分量各优点进行联合反演，大大降低重建模型的不确定性，充分利用多目标优化帕累托占优准则有效解决多目标之间的最佳折中和最佳均衡匹配，有效获取多目标空间帕累托前沿模型，进而克服传统单目标优化的局限性，由此显著提高反演过程的稳健性和横波速度剖面反演解释精度。

**3. 单站多分量瑞雷波群速度多目标全速度谱反演研究**

旨在基于多重滤波法快速构建单道多模式瑞雷波群速度谱，基于多目标优化算法进行单站多分量瑞雷波群速度多目标全速度谱反演。充分利用多分量瑞雷波群速度对介质结构变化具有更高的敏感性和更宽的可用频带范围，有效增强反演过程的稳定性；充分利用多分量瑞雷波群速度单站快速轻便采集的特点，显著提高瑞雷波水平分辨率，以实现城市等采集空间和交通环境受限的狭小区域快速高精度、高分辨率探测。

**4. 单站多分量表面波椭圆极化振动特性多目标反演研究**

旨在基于多目标优化算法进行多分量表面波群速度谱反演，基于椭圆极化振动特性曲线进行多目标联合反演，进而充分利用瑞雷波椭圆极化振动特性，显著提高反演过程的稳健性，大大增强瑞雷波对近地表复杂介质和较小异常体的精细刻画能力，并有效提高勘探深度。

**5. 基于数据驱动的多分量瑞雷波深度学习反演研究**

旨在基于深度学习（Deep Learning，DL）与多分量瑞雷波深度融合，充分利用海量多分量瑞雷波波形、相速度谱、群速度谱和椭圆极化振动特性多种观测波场构建高质量多样性的训练样本；基于群智能优化算法进行深度网络结构和超参数自动优化，构建快速稳定的高精度高分辨率深度神经网络模型；通过深度网络训练，学习多分量瑞雷波训练样本与横波速度结构的非线性映射关系，显著降低反演模型的多解性，快速自动化地实现多分量瑞雷波高精度、高分辨率反演。

## 1.2 本书主要研究内容和研究成果

### 1.2.1 主要研究内容

介质的各向异性和粘弹性对多分量瑞雷波传播具有显著影响。针对现有粘弹各向异性介质多分量瑞雷波地震波场正演模拟和多模式瑞雷波频散曲线正演模拟方法的不足及相关理论的匮乏,深入研究了粘弹各向异性介质中多分量瑞雷波地震波场正演模拟和多模式瑞雷波频散曲线正演模拟方法;设计了近地表研究中常见的典型均匀半空间模型、两层模型、多层模型、断层和空洞模型,深入研究了粘弹各向异性介质中多模式瑞雷波波场传播特征,多模式瑞雷波衰减和频散特性,并得出了重要结论。

### 1.2.2 主要研究成果

针对上面拟定的主要研究内容进行了深入研究与探讨,取得了以下主要研究成果。

(1)研究了一种更符合实际近地表环境的粘弹性各向异性介质模型。研究并总结了刻画介质粘弹性的广义 Zener 体粘弹模型和刻画介质各向异性的横向各向同性介质模型(Transversely Isotropic,TI)的相关理论公式,获得了两者结合后对应的粘弹性 VTI(Vertical Transverse Isotropy)介质本构关系,从而为后续粘弹性 VTI 介质瑞雷波地震波场正演模拟和频散曲线正演模拟研究提供了理论基础。

(2)实现了快速稳定的高精度粘弹各向异性介质多分量瑞雷波地震波场正演模拟算法。基于一阶 P-SV 波速度—应力粘弹性 VTI 介质波动方程,本书采用应力镜像法(Stress Image Method,SIM)作为自由表面边界处理条件,采用多轴完全匹配层(Multiaxial Perfectly Matched Layer,M-PML)作为人工吸收边界处理条件,通过标准交错网格高阶有限差分算法和四阶龙格—库塔时间积分法的结合,实现了空间上 12 阶差分精度和时间上 4 阶差分精度的粘弹性 VTI 介质多分量瑞雷波高精度有限差分地震波场正演模拟算法。通过各向同性弹性介质均匀半空间中地震记录的数值解与解析解的对比,验证了该算法的正确性和精确性:垂直分量的拟合误差(L2 范数误差)仅为 0.17%,水平分量的拟合误差仅为

0.23%。

(3)实现了快速稳定的高精度各向同性弹性(Isotropic Elastic,IE)介质、各向同性粘弹性(Isotropic Viscoelastic,IV)介质、各向异性弹性(Anisotropic Elastic,AE)介质和各向异性粘弹性(Anisotropic Viscoelastic,AV)介质统一的多分量瑞雷波地震波场正演模拟算法。在本书实现的 AV 介质地震波场正演模拟算法中通过设置各向异性 Thomsen 参数 $\varepsilon=\delta=0$,程序可实现 IV 介质多分量瑞雷波地震波场正演模拟;通过设置松弛时间关系 $\tau_{\varepsilon l}^{(v)}=\tau_{\sigma l}^{(v)}$,程序可实现 AE 介质多分量瑞雷波地震波场正演模拟;通过同时设置 $\varepsilon=\delta=0$ 和 $\tau_{\varepsilon l}^{(v)}=\tau_{\sigma l}^{(v)}$,程序可实现 IE 介质多分量瑞雷波地震波场正演模拟。理论模型试算结果表明,该算法大大削弱了数值频散和人工边界反射等数值模拟假象,有效提高了数值模拟精度和计算速度。

(4)实现了快速稳定的高精度粘弹各向异性介质多模式瑞雷波频散曲线正演模拟算法。由于粘弹介质中瑞雷波频散函数为复函数,因此无法采用实数域求根方法计算瑞雷波频散曲线。为此,提出了采用相速度代替复速度在实数域近似计算频散曲线的策略,基于简化的 Delta 矩阵法将瑞雷波频散曲线正演算法从 AE 介质扩展到了 AV 介质中,编程实现了快速稳定的粘弹性 VTI 介质多模式瑞雷波频散曲线正演模拟程序。通过 IV 介质均匀半空间中数值解与解析解的对比,验证了该算法的正确性和精确性:拟合误差仅为 $2.42\times10^{-12}$。

(5)实现了快速稳定的高精度 IE 介质、IV 介质、AE 介质和 AV 介质统一的多模式瑞雷波频散曲线正演模拟算法。在 AV 介质频散曲线正演模拟算法中通过设置 Thomsen 参数 $\varepsilon=\delta=0$,程序可实现 IV 介质多模式瑞雷波频散曲线正演模拟;通过设置松弛时间关系 $\tau_{\varepsilon l}^{(v)}=\tau_{\sigma l}^{(v)}$,程序可实现 AE 介质多模式瑞雷波频散曲线正演模拟;通过同时设置 $\varepsilon=\delta=0$ 和 $\tau_{\varepsilon l}^{(v)}=\tau_{\sigma l}^{(v)}$,程序可实现 IE 介质多模式瑞雷波频散曲线正演模拟。该算法不仅可有效用于验证多分量瑞雷波地震波场正演模拟结果的正确性,分析瑞雷波的衰减和频散特性,而且可有效进行粘弹各向异性介质中多模式瑞雷波频散曲线正演模拟和后续反演研究,推断粘弹各向异性介质中地球模型参数。

(6)深入研究了多分量瑞雷波在 IV 介质中的传播、衰减和频散等特性。利用近地表研究中常见的均匀半空间模型、两层速度递增模型、四层速度递增模型、四层含低速软夹层模型、四层含高速硬夹层模型等典型地质结构,通过 IV 与 IE 介质多分量瑞雷波模拟结果对比,详细地分析了介质的粘弹性对瑞雷波传播特性的影响。研究结果表明:

① 在多分量频散能量图上,瑞雷波频散能量最大峰值均能同理论多模式频散曲线相吻合,这验证了 IV 介质多分量瑞雷波地震波场正演模拟和多模式瑞雷波频散曲线正演模拟结果的正确性。

② 介质的粘弹性在一定程度上会降低瑞雷波频散能量的分辨率。

③ 介质的粘弹性会引起瑞雷波振幅衰减,高频成分比低频成分振幅衰减更加剧烈;地震记录振幅谱中心频率向低频端移动;振幅衰减程度随偏移距的增大而增强。

④ 介质的粘弹性会引起瑞雷波相速度频散,通过粘弹性与弹性相速度之比可以发现,该频散整体趋势是频散程度随频率的增加而增强。

⑤ 介质粘弹性的影响随品质因子的减小而增强,即品质因子越小,介质越接近粘弹性。

⑥ 参考频率不会影响介质粘弹性引起的瑞雷波振幅衰减和相速度频散的程度,但会影响频散曲线相速度的大小,且参考频率越高,相速度越低,并决定了粘弹性和弹性介质相速度相等的频率位置,即在参考频率处相等。在小于参考频率的频段,粘弹性相速度小于弹性相速度;在大于参考频率的频段,粘弹性相速度大于弹性相速度。

(7) 深入研究了多分量瑞雷波在 AE 介质中的传播、衰减和频散等特性。利用近地表研究中常见的均匀半空间模型、两层速度递增模型、四层速度递增模型、四层含低速软夹层模型、四层含高速硬夹层模型等典型地质结构,通过 AE 与 IE 介质多分量瑞雷波模拟结果对比,详细地分析了介质的各向异性对多分量瑞雷波的影响。研究结果表明:

① 在多分量频散能量图上,瑞雷波频散能量最大峰值均能同理论多模式频散曲线相吻合,这验证了 AE 介质多分量瑞雷波地震波场正演模拟和多模式瑞雷波频散曲线正演模拟结果的正确性。

② 与 IE 介质相似的是,AE 介质瑞雷波振幅也几乎不随偏移距的增大而改

变，相速度在均匀半空间中也不发生频散，即为一常值。

③与 IE 介质不同的是，AE 介质瑞雷波在振幅、波形以及波速（或旅行时）等方面都表现出了显著差异，且不同的 Thomsen 参数取值，导致这种差异也存在显著不同。笔者设计的模型模拟结果表明：在均匀半空间波形曲线对比中，当 $\delta=0.2$ 时，随着 $\varepsilon$ 从 0.3 降低到 0.1，AE 介质瑞雷波起跳时间越来越晚，瑞雷波的振幅越来越大；当 $\varepsilon=0.3$ 时，AE 介质瑞雷波起跳时间比 IE 介质的更早，振幅比 IE 介质的更小；当 $\varepsilon=0.1$ 时，AE 介质瑞雷波起跳时间比 IE 介质的更晚，振幅比 IE 介质的更大。这体现了介质各向异性的复杂性。

④在特定的 Thomsen 参数（$\varepsilon=0.4$ 和 $\delta=0.2$）下，对于层状介质模拟结果，与 IE 介质相比，AE 介质炮集记录上瑞雷波同相轴更加集中，同相轴的倾斜程度有所减小，数量显著减少；AE 介质频散能量图上瑞雷波相速度明显更高，相邻模式间距明显更大，高阶模式数量明显更少，高阶模式的频散能量更加连续，频带范围更宽。

(8)深入研究了多分量瑞雷波在 AV 介质中的传播、衰减和频散等特性。利用近地表研究中常见的均匀半空间模型、两层速度递增模型、四层速度递增模型、四层含低速软夹层模型、四层含高速硬夹层模型等典型地质结构，详细地分析了在 AV 介质中多分量瑞雷波传播特性。研究结果表明：

①在多分量频散能量图上，瑞雷波频散能量最大峰值均能同理论多模式频散曲线相吻合，这验证了 AV 介质多分量瑞雷波地震波场正演模拟和多模式瑞雷波频散曲线正演模拟结果的正确性。

②AV 介质多分量瑞雷波传播特性实际上是由介质各向异性和介质粘弹性共同作用的结果。因此，可通过对比 AE 和 IE 介质、AV 和 AE 介质来获得 AV 介质对多分量瑞雷波传播特性的影响。

(9)深入研究了多分量瑞雷波在断层模型和空洞模型等 AV 复杂介质中的传播、衰减和频散等特性。笔者设计了近地表研究中常见的典型断层模型和空洞模型，通过波场和频散曲线正演模拟，深入研究了多分量瑞雷波反射、绕射、衰减和频散等传播特性，从而有助于人们更好地理解多分量瑞雷波在粘弹各向异性复杂介质中的行为特征，有助于进一步提高瑞雷波勘探反演解释精度和拓宽瑞雷波勘探应用领域。

## 1.3 本书组织结构

本书分5章论述,各章主要内容如下。

第1章为绪论。简要阐述了本书研究目的和意义,给出了本书主要研究内容、主要研究成果和组织结构。

第2章为粘弹各向异性介质理论基础。主要介绍了粘弹介质和各向异性介质理论模型及粘弹各向异性介质的本构关系。

第3章为粘弹各向异性介质多分量瑞雷波正演模拟方法。主要介绍了粘弹各向异性介质中多分量瑞雷波地震波场正演模拟和多模式瑞雷波频散曲线正演模拟方法,并通过理论模型测试了算法的正确性和精确性。

第4章为粘弹各向同性介质多分量瑞雷波波场传播特性。设计了近地表研究中常见的均匀半空间模型、两层模型、四层模型、断层和空洞模型,利用多分量瑞雷波地震波场正演模拟和多模式瑞雷波频散曲线正演模拟方法,详细分析了在粘弹各向同性介质中多分量瑞雷波波场特征、衰减和频散等特性。

第5章为粘弹各向异性介质多分量瑞雷波波场传播特性。设计了近地表研究中常见的均匀半空间模型、两层模型、四层模型、断层和空洞模型,利用多分量瑞雷波地震波场正演模拟和多模式瑞雷波频散曲线正演模拟方法,详细分析了在粘弹各向异性介质中多分量瑞雷波波场特征、衰减和频散等特性。

# 第 2 章　粘弹各向异性介质理论基础

## 2.1　粘弹介质基本理论

### 2.1.1　广义 Zener 体粘弹模型

地球介质的流变行为可以通过基于力学模型的粘弹性本构方程来描述。粘弹性力学模型的构建需要用到两种基本元件：①弹簧——用于代表弹性固体；②阻尼器——用于代表粘性流体。根据粘弹性力学"器件组合法"，性质不同的元件通过串联、并联或混联可以构建一个新的粘弹性模型。例如，Maxwell 模型由一个弹簧和一个阻尼器相互串联组合而成；Kelvin-Voigt 模型由一个弹簧和一个阻尼器相互并联组合而成(Carcione，2015)。

Zener 模型(又称为标准线性固体模型)是由一个弹簧和一个 Kelvin-Voigt 模型相互串联组合而成(图 2-1)，该模型可用于描述更符合实际情况的粘弹性介质，如黏土、沉积物、岩石、金属和聚合物等。广义 Zener 体模型是由 $L$ 个 Zener 元件并联组合而成(图 2-2)，相对 Zener 模型，它可以获得在整个地震勘探频带范围内几乎恒定的品质因子。

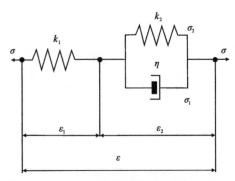

图 2-1　Zener 元件力学模型(Carcione，2015)

# 第 2 章 粘弹各向异性介质理论基础

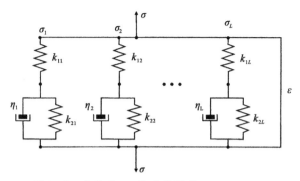

图 2-2 广义 Zener 体力学模型(Carcione,2015)

对于每一个 Zener 元件,其应力 $\sigma_l$ 与应变 $\varepsilon$ 的关系可表示为:

$$\sigma_l + \tau_{\sigma l}\partial_t\sigma_l = M_{Rl}(\varepsilon + \tau_{\varepsilon l}\partial_t\varepsilon), l=1,2,\cdots,L \quad (2-1)$$

式中,松弛模量 $M_{Rl}$、应力松弛时间 $\tau_{\sigma l}$ 和应变弛时间 $\tau_{\varepsilon l}$ 可分别表示为:

$$M_{Rl} = \frac{k_{1l}k_{2l}}{k_{1l}+k_{2l}} \quad (2-2)$$

$$\tau_{\sigma l} = \frac{\eta_l}{k_{1l}+k_{2l}}, \tau_{\varepsilon l} = \frac{\eta_l}{k_{2l}} \quad (2-3)$$

式中,弹性模量 $k_{1l} \geqslant 0, k_{2l} \geqslant 0$;粘性系数 $\eta_l \geqslant 0$。在频率域中应力—应变关系可用复模量 $M_l$ 来表示,通过对方程(2-1)进行傅立叶变换,可得到每一个 Zener 元件的复模量 $M_l$ 的表达式:

$$M_l(\omega) = M_{Rl}\left(\frac{1+i\omega\tau_{\varepsilon l}}{1+i\omega\tau_{\sigma l}}\right) \quad (2-4)$$

式中,松弛模量 $M_{Rl}$ 可通过令角频率 $\omega=0$ 获得;未松弛模量 $M_{Ul}$ 可通过令 $\omega \to \infty$ 得到,如下式:

$$M_{Ul} = M_{Rl}\left(\frac{\tau_{\varepsilon l}}{\tau_{\sigma l}}\right), (M_{Ul} \geqslant M_{Rl}) \quad (2-5)$$

在时间域中应力与应变关系可用松弛函数 $\psi_l$ 来表示,即

$$\sigma_l = \psi_l * \partial_t\varepsilon \quad (2-6)$$

式中,符号 * 为卷积运算,每一个 Zener 元件的松弛函数 $\psi_l$ 的表达式为:

$$\psi_l(t) = M_{Rl}\left[1-\left(1-\frac{\tau_{\varepsilon l}}{\tau_{\sigma l}}\right)e^{(-t/\tau_{\sigma l})}\right]H(t) \quad (2-7)$$

式中，$H(t)$ 为 Heaviside 单位阶跃函数。

所有 Zener 元件的总应力形成了广义 Zener 体模型的应力，即 $\sigma = \sum_{l=1}^{L} \sigma_l$。因此，在频率域中广义 Zener 体模型的应力与应变关系为：

$$\sigma = \sum_{l=1}^{L} M_l \varepsilon = \sum_{l=1}^{L} M_{Rl} \left( \frac{1 + i\omega \tau_{\varepsilon l}}{1 + i\omega \tau_{\sigma l}} \right) \varepsilon \qquad (2-8)$$

为减少独立参数的个数，令 $M_{Rl} = M_R/L$，则复模量 $M$ 可表达为：

$$M(\omega) = \sum_{l=1}^{L} M_l = \frac{M_R}{L} \sum_{l=1}^{L} \left( \frac{1 + i\omega \tau_{\varepsilon l}}{1 + i\omega \tau_{\sigma l}} \right) \qquad (2-9)$$

在时间域中应力与应变的关系为：

$$\sigma = \sum_{l=1}^{L} \sigma_l = \sum_{l=1}^{L} \psi_l * \partial_t \varepsilon = \psi * \partial_t \varepsilon \qquad (2-10)$$

式中，松弛函数 $\psi$ 可表达为：

$$\psi(t) = M_R \left[ 1 - \frac{1}{L} \sum_{l=1}^{L} \left( 1 - \frac{\tau_{\varepsilon l}}{\tau_{\sigma l}} \right) e^{(-t/\tau_{\sigma l})} \right] H(t) \qquad (2-11)$$

在式（2-11）中，松弛模量 $M_R$ 可通过令时间 $t \to \infty$ 获得；未松弛模量 $M_U$ 通过令 $t=0$ 获得，如下式：

$$M_U = M_R \left[ 1 - \frac{1}{L} \sum_{l=1}^{L} \left( 1 - \frac{\tau_{\varepsilon l}}{\tau_{\sigma l}} \right) \right] = \frac{M_R}{L} \sum_{l=1}^{L} \frac{\tau_{\varepsilon l}}{\tau_{\sigma l}} \qquad (2-12)$$

### 2.1.2　品质因子

介质的耗散性质能够通过一个无量纲的品质因子 $Q$ 来量化。对于一维广义 Zener 体粘弹性介质，品质因子 $Q(\omega)$、复速度 $V^c(\omega)$ 和相速度 $V(\omega)$ 可通过复模量 $M(\omega)$ 表示为（Carcione，2015）：

$$Q(\omega) = \frac{\mathrm{Re}[M(\omega)]}{\mathrm{Im}[M(\omega)]} \qquad (2-13)$$

$$V^c(\omega) = \sqrt{\frac{M(\omega)}{\rho}} \qquad (2-14)$$

$$V(\omega) = \frac{1}{\mathrm{Re}[1/V^c(\omega)]} \qquad (2-15)$$

式中，Re 和 Im 分别为求取复数实部和虚部。将式（2-9）代入到式（2-13）中，品质因子 $Q(\omega)$ 可进一步通过应力松弛时间 $\tau_{\sigma l}$ 和应变松弛时间 $\tau_{\varepsilon l}$ 表示如下：

$$Q(\omega) = \frac{\sum_{l=1}^{L} \frac{1+\omega^2 \tau_{\varepsilon l}\tau_{\sigma l}}{1+\omega^2 \tau_{\sigma l}^2}}{\sum_{l=1}^{L} \frac{\omega(\tau_{\varepsilon l}-\tau_{\sigma l})}{1+\omega^2 \tau_{\sigma l}^2}} \quad (2-16)$$

从式(2-16)可以发现,品质因子 $Q$ 量化介质的耗散性质(或称为衰减和频散特性)实际上是通过应力松弛时间 $\tau_{\sigma l}$ 和应变松弛时间 $\tau_{\varepsilon l}$ 来实现的。品质因子 $Q(\omega)$ 作为频率的函数在实际地震勘探频带范围内可近似为恒定的常值。因此,粘弹性介质正演模拟需要先获得能很好地近似所期望的常 $Q$ 值的松弛时间。对于松弛时间的计算,Emmerich 和 Korn(1987)提出利用最小二乘法来反演松弛时间;Blanch 等(1995)提出了利用"$\tau$-method"来获取松弛时间;Blanc 等(2016)提出了利用非线性"SolvOpt"优化算法来反演松弛时间,该方法反演过程更稳定,反演精度更高。本书利用式(2-16)采用 Blanc 等(2016)的优化算法来反演松弛时间。

以上给出了一维广义 Zener 体粘弹模型,在二维广义 Zener 体粘弹性介质中松弛函数 $\psi_v$ 可表示为(Carcione et al.,1988):

$$\psi_v(t) = M_{Rv}\left[1 - \frac{1}{L_v}\sum_{l=1}^{L_v}\left(1 - \frac{\tau_{\varepsilon l}^{(v)}}{\tau_{\sigma l}^{(v)}}\right)e^{(-t/\tau_{\sigma l}^{(v)})}\right]H(t), v=1,2 \quad (2-17)$$

式中,$v=1$ 为准膨胀模式;$v=2$ 为准剪切模式。复模量 $M_v^C$ 可通过松弛函数一阶导数 $\dot{\psi}_v$ 的傅立叶变换 $F$ 获得,即:

$$M_v^C(\omega) = F[\dot{\psi}_v(t)] = \frac{M_{Rv}}{L_v}\sum_{l=1}^{L_v}\left(\frac{1+i\omega\tau_{\varepsilon l}^{(v)}}{1+i\omega\tau_{\sigma l}^{(v)}}\right), v=1,2 \quad (2-18)$$

在式(2-17)和式(2-18)中,$M_{Rv}$ 为松弛模量。为了使介质的粘弹性更接近实际地球介质,参考频率 $f_r$($\omega_r = 2\pi f_r$)被引入到粘弹模型中,使得粘弹介质的相速度在参考频率处与对应弹性介质的相速度相等。因此,松弛模量 $M_{Rv}$ 可通过弹性介质纵、横波速度 $V_P$ 和 $V_S$,密度 $\rho$,松弛时间 $\tau_{\sigma l}^{(v)}$ 和 $\tau_{\varepsilon l}^{(v)}$ 及参考角频率 $\omega_r$ 表示如下:

$$M_{R1} = 2\rho(V_P^2 - V_S^2)\text{Re}\left[\sqrt{\frac{1}{\frac{1}{L_1}\sum_{l=1}^{L_1}\left(\frac{1+i\omega_r\tau_{\varepsilon l}^{(1)}}{1+i\omega_r\tau_{\sigma l}^{(1)}}\right)}}\right]^2 \quad (2-19)$$

$$M_{R2} = 2\rho V_S^2 \operatorname{Re}\left[\sqrt{\dfrac{1}{\dfrac{1}{L_2}\sum_{l=1}^{L_2}\left(\dfrac{1+i\omega_r \tau_{\varepsilon l}^{(2)}}{1+i\omega_r \tau_{\sigma l}^{(2)}}\right)}}\right]^2 \qquad (2-20)$$

进一步地，根据式(2-12)未松弛模量 $M_{Uv}$ 可通过 $M_{Rv}$ 表示为：

$$M_{Uv} = M_{Rv}\left[1 - \dfrac{1}{L_v}\sum_{l=1}^{L_v}\left(1 - \dfrac{\tau_{\varepsilon l}^{(v)}}{\tau_{\sigma l}^{(v)}}\right)\right] \qquad (2-21)$$

二维介质的耗散性质可通过 3 个无量纲的品质因子来量化，分别是纵波品质因子 $Q_P$、横波品质因子 $Q_S$ 和体波品质因子 $Q_K$，它们可通过复模量 $M_v^C$ 表示如下 (Carcione et al., 1988)：

$$\begin{aligned}Q_P(\omega) &= \dfrac{\operatorname{Re}[M_1^C(\omega) + M_2^C(\omega)]}{\operatorname{Im}[M_1^C(\omega) + M_2^C(\omega)]} \\ &= \dfrac{M_{R1}\sum_{l=1}^{L_1}\dfrac{1+\omega^2 \tau_{\varepsilon l}^{(1)}\tau_{\sigma l}^{(1)}}{1+\omega^2 (\tau_{\sigma l}^{(1)})^2} + M_{R2}\sum_{l=1}^{L_2}\dfrac{1+\omega^2 \tau_{\varepsilon l}^{(2)}\tau_{\sigma l}^{(2)}}{1+\omega^2 (\tau_{\sigma l}^{(2)})^2}}{M_{R1}\sum_{l=1}^{L_1}\dfrac{\omega(\tau_{\varepsilon l}^{(1)} - \tau_{\sigma l}^{(1)})}{1+\omega^2 (\tau_{\sigma l}^{(1)})^2} + M_{R2}\sum_{l=1}^{L_2}\dfrac{\omega(\tau_{\varepsilon l}^{(2)} - \tau_{\sigma l}^{(2)})}{1+\omega^2 (\tau_{\sigma l}^{(2)})^2}}\end{aligned} \qquad (2-22)$$

$$Q_S(\omega) = \dfrac{\operatorname{Re}[M_2^C(\omega)]}{\operatorname{Im}[M_2^C(\omega)]} = \dfrac{\sum_{l=1}^{L_2}\dfrac{1+\omega^2 \tau_{\varepsilon l}^{(2)}\tau_{\sigma l}^{(2)}}{1+\omega^2 (\tau_{\sigma l}^{(2)})^2}}{\sum_{l=1}^{L_2}\dfrac{\omega(\tau_{\varepsilon l}^{(2)} - \tau_{\sigma l}^{(2)})}{1+\omega^2 (\tau_{\sigma l}^{(2)})^2}} \qquad (2-23)$$

$$Q_K(\omega) = \dfrac{\operatorname{Re}[M_1^C(\omega)]}{\operatorname{Im}[M_1^C(\omega)]} = \dfrac{\sum_{l=1}^{L_1}\dfrac{1+\omega^2 \tau_{\varepsilon l}^{(1)}\tau_{\sigma l}^{(1)}}{1+\omega^2 (\tau_{\sigma l}^{(1)})^2}}{\sum_{l=1}^{L_1}\dfrac{\omega(\tau_{\varepsilon l}^{(1)} - \tau_{\sigma l}^{(1)})}{1+\omega^2 (\tau_{\sigma l}^{(1)})^2}} \qquad (2-24)$$

由上式可见，$Q_P$ 表达式非常复杂，不仅与膨胀模式松弛时间 $\tau_{\sigma l}^{(1)}$ 和 $\tau_{\varepsilon l}^{(1)}$ 有关，也与剪切模式松弛时间 $\tau_{\sigma l}^{(2)}$ 和 $\tau_{\varepsilon l}^{(2)}$ 有关，还与松弛模量 $M_{Rv}$ 有关；$Q_S$ 表达式仅与剪切模式松弛时间 $\tau_{\sigma l}^{(2)}$ 和 $\tau_{\varepsilon l}^{(2)}$ 有关；$Q_K$ 表达式仅与膨胀模式松弛时间 $\tau_{\sigma l}^{(1)}$ 和 $\tau_{\varepsilon l}^{(1)}$ 有关。因此，本书采用 Blanc 等(2016)的优化算法，基于 $Q_K$ 表达式反演计算膨胀模式松弛时间 $\tau_{\sigma l}^{(1)}$ 和 $\tau_{\varepsilon l}^{(1)}$，基于 $Q_S$ 表达式反演计算剪切模式松弛时间 $\tau_{\sigma l}^{(2)}$ 和 $\tau_{\varepsilon l}^{(2)}$。为简化计算，我们假设一个固定的品质因子关系，即 $Q_S = Q$ 和 $Q_K = 2Q$，在后面章节的数值模拟实例中，我们也只通过一个 $Q$ 来表达模型的品质因子参数。

### 2.1.3 纵横波相速度频散

在二维广义 Zener 体粘弹性介质中,纵、横波复速度 $V_P^C$ 和 $V_S^C$ 也可通过复模量 $M_v^C$ 进行表示(Carcione et al.,1988):

$$V_P^C(\omega) = \sqrt{\frac{M_1^C(\omega) + M_2^C(\omega)}{2\rho}} \qquad (2-25)$$

$$V_S^C(\omega) = \sqrt{\frac{M_2^C(\omega)}{2\rho}} \qquad (2-26)$$

进一步地,纵、横波相速度可表示为:

$$V_P(\omega) = 1/\text{Re}[1/V_P^C(\omega)] \qquad (2-27)$$

$$V_S(\omega) = 1/\text{Re}[1/V_S^C(\omega)] \qquad (2-28)$$

### 2.1.4 数值模拟算例

为了演示不同方法求取品质因子的差别,图 2-3 给出了当 $L=2$ 时由 Blanc 等(2016)以及 Emmerich 和 Korn(1987)的方法分别计算得到的品质因子曲线对比图。由图可见,品质因子随频率的变化而变化,但 Blanc 等(2016)反演得到的松弛时间精度更高,在近地表高频瑞雷波勘探频带范围内(5~100Hz)品质因子曲线在期望 $Q$ 值上下变化更小。

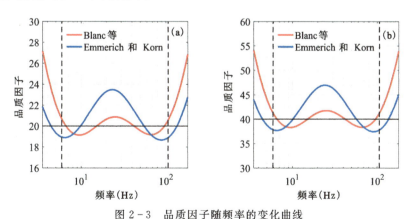

图 2-3 品质因子随频率的变化曲线

(a)期望 $Q$ 值为 20;(b)期望 $Q$ 值为 40

为了进一步演示介质粘弹性引起的相速度频散,以 $L_1=L_2=2$ 和 $Q=20$ 为例,在表 2-1 中提供了一组粘弹性介质的松弛时间作为参考。

表 2-1 粘弹性介质松弛时间　　　　　　　　　　单位:s

| $l$ | $\tau_{\sigma l}^{(1)}$ | $\tau_{\sigma l}^{(2)}$ | $\tau_{\varepsilon l}^{(1)}$ | $\tau_{\varepsilon l}^{(2)}$ |
| --- | --- | --- | --- | --- |
| 1 | 0.020 668 661 | 0.020 084 185 | 0.022 505 260 | 0.023 717 528 |
| 2 | 0.001 851 111 | 0.001 798 964 | 0.002 024 095 | 0.002 158 892 |

基于这组松弛时间,我们绘制了粘弹性介质纵、横波相速度比频散曲线(图 2-4)。相速度比表示粘弹性介质相速度与对应的弹性介质相速度的比值,能更好地反映介质粘弹性引起的相速度频散。图 2-4 模拟时对应的弹性介质参数为:纵波速度 $V_P$ 为 663m/s,横波速度 $V_S$ 为 200m/s,密度 $\rho$ 为 1.9g/cm³。此外,参考频率 $f_r$ 取为 25Hz。由图 2-4 可知,由于介质粘弹性的影响,纵、横波相速度都发生了频散,且随着频率的增大而增大;因为横波品质因子小于纵波品质因子,所以横波相速度频散更加严重。由于参考频率取为 25Hz,因此纵、横波相速度比频散曲线在频率 25Hz 处相交,即它们的相速度都在该位置等于对应的弹性介质速度。

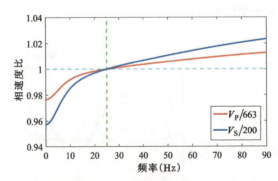

图 2-4 粘弹性均匀半空间模型中纵、横波相速度比频散曲线

## 2.2 各向异性介质模型

### 2.2.1 各向异性介质弹性矩阵

横向各向同性介质(Transversely Isotropy,TI)是具有柱对称轴的介质,又

称为六方各向异性介质,根据其对称轴在空间定向是垂直还是水平又分别称为 VTI(Vertical Transverse Isotropy)介质和 HTI(Horizontal Transverse Isotropy)介质。TI 介质弹性矩阵具有 5 个独立的弹性常数,在三维 $OXYZ$ 立体坐标系下,VTI 介质弹性矩阵为(吴国忱,2006):

$$\boldsymbol{C}_{6\times 6}=\begin{bmatrix} c_{11} & c_{11}-2c_{66} & c_{13} & 0 & 0 & 0 \\ c_{11}-2c_{66} & c_{11} & c_{13} & 0 & 0 & 0 \\ c_{13} & c_{13} & c_{33} & 0 & 0 & 0 \\ 0 & 0 & 0 & c_{55} & 0 & 0 \\ 0 & 0 & 0 & 0 & c_{55} & 0 \\ 0 & 0 & 0 & 0 & 0 & c_{66} \end{bmatrix} \quad (2-29)$$

在二维 P-SV 波 $XOZ$ 平面坐标系下,VTI 介质弹性矩阵为:

$$\boldsymbol{C}_{3\times 3}=\begin{bmatrix} c_{11} & c_{13} & 0 \\ c_{13} & c_{33} & 0 \\ 0 & 0 & c_{55} \end{bmatrix} \quad (2-30)$$

VTI 介质常用来描述由周期性的薄互层、岩石内部结构和平行排列的微裂隙引起的各向异性,是非常重要的各向异性介质模型,因为实际中约 70% 的沉积岩石表现了 VTI 介质的各向异性,故本书以下主要研究 VTI 各向异性介质。

#### 2.2.2 各向异性介质弹性参数

弹性介质模型的性质是由弹性矩阵 $\boldsymbol{C}$ 确定的,它描述了应力与应变之间的关系,但由它确定弹性波动方程系数的物理意义很不直观,由此导致波传播的相速度隐含在波动方程的系数中,其物理意义很不明确,也很复杂。为方便理论研究和实际应用,并明确公式的物理含义,Thomsen(1986)提出了一套表征 TI 介质弹性性质的参数,称为 Thomsen 参数,定义如下:

$$\begin{cases} V_P = \sqrt{\dfrac{c_{33}}{\rho}}, V_S = \sqrt{\dfrac{c_{55}}{\rho}} \\ \varepsilon = \dfrac{c_{11}-c_{33}}{2c_{33}}, \gamma = \dfrac{c_{66}-c_{44}}{2c_{44}}, \delta = \dfrac{(c_{13}+c_{44})^2-(c_{33}-c_{44})^2}{2c_{33}(c_{33}-c_{44})} \end{cases} \quad (2-31)$$

上述定义 TI 介质的 Thomsen 参数包括 5 个:$V_P$、$V_S$、$\varepsilon$、$\delta$ 和 $\gamma$。这里的 $V_P$ 和 $V_S$ 分别表示准纵波($qP$)和准横波($qS$)沿 TI 介质对称轴方向的相速度,$\varepsilon$、

$\delta$ 和 $\gamma$ 表示 TI 介质各向异性强度的 3 个无量纲因子。其中，$\varepsilon$ 是度量 $q$P 波各向异性强度的参数，$\varepsilon$ 越大则介质的纵波各向异性越大，$\varepsilon$ 为 0 则纵波无各向异性；$\gamma$ 是度量 $q$S 波各向异性强度或横波分裂强度的参数，$\gamma$ 越大则介质的横波各向异性越大，$\gamma$ 为 0 则横波无各向异性；$\delta$ 是连接 $V_P$ 和 $V_S$ 之间的一个过渡性参数。一般情况下，$\varepsilon$ 和 $\gamma$ 的单调性是一致的，即同时增减或为零。

根据各向异性介质的 Thomsen 参数，VTI 介质弹性矩阵中的各元素可表征如下（吴国忱，2006）：

$$\begin{cases} c_{11} = c_{22} = \rho(1+2\varepsilon)V_P^2, c_{33} = \rho V_P^2 \\ c_{44} = c_{55} = \rho V_S^2, c_{66} = \rho(1+2\gamma)V_S^2 \\ c_{12} = \rho V_P^2 \left[1 + 2\varepsilon - 2\dfrac{V_S^2}{V_P^2}(1+2\gamma)\right] \\ c_{13} = c_{23} = \rho V_P^2 \sqrt{\left(1-\dfrac{V_S^2}{V_P^2}\right)\left(1-\dfrac{V_S^2}{V_P^2}+2\delta\right)} - \rho V_S^2 \end{cases} \quad (2-32)$$

## 2.3 粘弹各向异性介质的本构关系

### 2.3.1 三维立体坐标系

根据玻尔兹曼(Boltzmann)叠加原理，各向异性线性粘弹性介质最广义的本构关系（或称为应力—应变关系）可表示为(Carcione，1995)：

$$\boldsymbol{T}(\boldsymbol{x},t) = \dot{\boldsymbol{\Psi}}(\boldsymbol{x},t) * \boldsymbol{S}(\boldsymbol{x},t), (T_I = \psi_{IJ} * \dot{S}_J, I,J = 1,\cdots,6) \quad (2-33)$$

且有：

$$\boldsymbol{T} = [T_1, T_2, T_3, T_4, T_5, T_6]^T = [\sigma_{xx}, \sigma_{yy}, \sigma_{zz}, \sigma_{yz}, \sigma_{xz}, \sigma_{xy}]^T \quad (2-34)$$

$$\boldsymbol{S} = [S_1, S_2, S_3, S_4, S_5, S_6]^T = [\varepsilon_{xx}, \varepsilon_{yy}, \varepsilon_{zz}, \gamma_{yz}, \gamma_{xz}, \gamma_{xy}]^T \quad (2-35)$$

式中，$\boldsymbol{T}$ 是应力矢量；$\boldsymbol{S}$ 是应变矢量；$\boldsymbol{\Psi}$ 是对称的松弛矩阵，且其广义形式具有 21 个独立参数；$\psi_{IJ}$ 是 $\boldsymbol{\Psi}$ 中的分量，$I,J = 1,\cdots,6$；$t$ 是时间变量，$\boldsymbol{x} = (x,y,z)$ 是位置矢量；符号 $*$ 代表时间卷积运算，变量上的小黑点代表时间差分运算，矩阵上的符号 T 代表转置运算。

在式(2-33)本构关系中，一个广义的三维(OXYZ 立体坐标系)各向异性粘弹性松弛矩阵 $\boldsymbol{\Psi}$ 可表示为如下形式：

$$\boldsymbol{\Psi}_{6\times 6} = \begin{bmatrix} \psi_{11} & \psi_{12} & \psi_{13} & c_{14} & c_{15} & c_{16} \\ & \psi_{22} & \psi_{23} & c_{24} & c_{25} & c_{26} \\ & & \psi_{33} & c_{34} & c_{35} & c_{36} \\ & & & c_{44}\chi_2 & c_{45}\chi_2 & c_{46}\chi_2 \\ & & & & c_{55}\chi_2 & c_{56}\chi_2 \\ & & & & & c_{66}\chi_2 \end{bmatrix} H \quad (2-36)$$

且有

$$\psi_{11} = c_{11} - D + (D - \frac{4}{3}G)\chi_1 + \frac{4}{3}G\chi_2 \quad (2-37)$$

$$\psi_{12} = c_{12} - D + 2G + (D - \frac{4}{3}G)\chi_1 - \frac{2}{3}G\chi_2 \quad (2-38)$$

$$\psi_{22} = c_{22} - D + (D - \frac{4}{3}G)\chi_1 + \frac{4}{3}G\chi_2 \quad (2-39)$$

$$\psi_{23} = c_{23} - D + 2G + (D - \frac{4}{3}G)\chi_1 - \frac{2}{3}G\chi_2 \quad (2-40)$$

$$\psi_{13} = c_{13} - D + 2G + (D - \frac{4}{3}G)\chi_1 - \frac{2}{3}G\chi_2 \quad (2-41)$$

$$\psi_{33} = c_{33} - D + (D - \frac{4}{3}G)\chi_1 + \frac{4}{3}G\chi_2 \quad (2-42)$$

$$D = (c_{11} + c_{22} + c_{33})/3 \quad (2-43)$$

$$G = (c_{44} + c_{55} + c_{66})/3 \quad (2-44)$$

此外，$H(t)$ 是 Heaviside 单位阶跃函数，变量 $c_{IJ}$ 代表弹性常数，即：

$$\chi_v = 1 - \frac{1}{L_v}\sum_{l=1}^{L_v}\left(1 - \frac{\tau_{\varepsilon l}^{(v)}}{\tau_{\sigma l}^{(v)}}\right)e^{(-t/\tau_{\sigma l}^{(v)})}, v = 1,2 \quad (2-45)$$

与式(2-17)对应，$\chi_v$ 是不含有松弛模量和 Heaviside 单位阶跃函数的松弛函数；$v=1$ 表示准膨胀模式，$v=2$ 表示准剪切模式。

### 2.3.2 二维平面坐标系

在二维 P-SV 波情况（$XOZ$ 平面坐标系）下，松弛矩阵可表示为：

$$\boldsymbol{\Psi}_{3\times 3} = \begin{bmatrix} \psi_{11} & \psi_{13} & c_{15} \\ & \psi_{33} & c_{35} \\ & & c_{55}\chi_2 \end{bmatrix} H \quad (2-46)$$

且有

$$\psi_{11} = c_{11} - D + (D - c_{55})\chi_1 + c_{55}\chi_2 \qquad (2-47)$$

$$\psi_{13} = c_{13} + 2c_{55} - D + (D - c_{55})\chi_1 - c_{55}\chi_2 \qquad (2-48)$$

$$\psi_{33} = c_{33} - D + (D - c_{55})\chi_1 + c_{55}\chi_2 \qquad (2-49)$$

$$D = (c_{11} + c_{33})/3 \qquad (2-50)$$

对于 VTI 介质，松弛矩阵中弹性常数 $c_{15}$ 和 $c_{35}$ 均为 0。

# 第3章 粘弹各向异性介质多分量瑞雷波正演模拟方法

## 3.1 粘弹各向异性介质波动方程

在二维 P-SV 波情况下,粘弹性 VTI 介质一阶速度—应力波动方程可从动量守恒方程和粘弹性 VTI 介质特定的本构关系中推导出来,且由下面的一系列方程组成。

### 3.1.1 速度与应力的关系

速度与应力的关系可用动量守恒线性方程来表示:

$$\dot{v}_x = \frac{1}{\rho}\left(\frac{\partial \sigma_{xx}}{\partial x}+\frac{\partial \sigma_{xz}}{\partial z}\right) \qquad (3-1)$$

$$\dot{v}_z = \frac{1}{\rho}\left(\frac{\partial \sigma_{xz}}{\partial x}+\frac{\partial \sigma_{zz}}{\partial z}\right) \qquad (3-2)$$

式中,$v_x$ 和 $v_z$ 为质点速度分量;$\sigma_{xx}$、$\sigma_{xz}$ 和 $\sigma_{zz}$ 为应力分量;$\rho$ 为介质密度;变量上的小黑点表示对时间的一阶导数。本书假设外部体力为 0。

### 3.1.2 应力与应变的关系

应力与应变的关系可由本构方程表示如下(Carcione,1995):

$$\dot{\sigma}_{xx} = \hat{c}_{11}\frac{\partial v_x}{\partial x}+\hat{c}_{13}\frac{\partial v_z}{\partial z}+(D-c_{55})\sum_{l=1}^{L_1}\dot{e}_{1l}+c_{55}\sum_{l=1}^{L_2}\dot{e}_{2l} \qquad (3-3)$$

$$\dot{\sigma}_{zz} = \hat{c}_{13}\frac{\partial v_x}{\partial x}+\hat{c}_{33}\frac{\partial v_z}{\partial z}+(D-c_{55})\sum_{l=1}^{L_1}\dot{e}_{1l}-c_{55}\sum_{l=1}^{L_2}\dot{e}_{2l} \qquad (3-4)$$

$$\dot{\sigma}_{xz} = \hat{c}_{55}\left(\frac{\partial v_x}{\partial z}+\frac{\partial v_z}{\partial x}\right)+c_{55}\sum_{l=1}^{L_2}\dot{e}_{3l} \qquad (3-5)$$

其中，$\hat{c}_{11}$、$\hat{c}_{13}$、$\hat{c}_{33}$ 和 $\hat{c}_{55}$ 表示高频极限各向异性弹性常数，且 $\hat{c} = \psi(t=0)$。根据式(2-46)~式(2-50)，可计算如下：

$$\hat{c}_{11} = c_{11} - D + (D - c_{55})M_{u1} + c_{55}M_{u2} \qquad (3-6)$$

$$\hat{c}_{13} = c_{13} + 2c_{55} - D + (D - c_{55})M_{u1} - c_{55}M_{u2} \qquad (3-7)$$

$$\hat{c}_{33} = c_{33} - D + (D - c_{55})M_{u1} + c_{55}M_{u2} \qquad (3-8)$$

$$\hat{c}_{55} = c_{55}M_{u2} \qquad (3-9)$$

式中，$c_{11}$、$c_{13}$、$c_{33}$ 和 $c_{55}$ 为低频极限各向异性弹性常数；$D = (c_{11} + c_{33})/2$。它们的计算方法见式(2-32)。

### 3.1.3 参考频率项的引入

以上方程中的模量 $M_{uv}$ 与式(2-45)中的 $\chi_v(t=0)$ 相对应，我们在 $M_{uv}$ 中添加了参考频率控制项，如下式：

$$M_{uv} = \left[1 - \frac{1}{L_v}\sum_{l=1}^{L_v}\left(1 - \frac{\tau_{\varepsilon l}^{(v)}}{\tau_{\sigma l}^{(v)}}\right)\right]\mathrm{Re}\left[\sqrt{\frac{1}{\frac{1}{L_v}\sum_{l=1}^{L_v}\left(\frac{1+i\omega_r\tau_{\varepsilon l}^{(v)}}{1+i\omega_r\tau_{\sigma l}^{(v)}}\right)}}\right]^2, v=1,2$$

$$(3-10)$$

式中，$\tau_{\varepsilon l}^{(v)}$ 和 $\tau_{\sigma l}^{(v)}$ 分别为介质的应变和应力松弛时间，$v=1$ 为准膨胀模式，$v=2$ 为准剪切模式；$\omega_r$ 为参考角频率，$\omega_r = 2\pi f_r$，$f_r$ 表示参考频率。

在本构方程中，$e_{1l}$ 表示与 $L_1$ 个用于描述准膨胀波粘弹性特征的 Zener 元件相关的记忆变量，$e_{2l}$ 和 $e_{3l}$ 表示与 $L_2$ 个用于描述准剪切波粘弹性特征的 Zener 元件相关的记忆变量。它们与质点速度的关系可通过时间域一阶方程表示为(Carcione，1995)：

$$\dot{e}_{1l} = -\frac{e_{1l}}{\tau_{\sigma l}^{(1)}} + \phi_{1l}\left(\frac{\partial v_x}{\partial x} + \frac{\partial v_z}{\partial z}\right), l=1,\cdots,L_1 \qquad (3-11)$$

$$\dot{e}_{2l} = -\frac{e_{2l}}{\tau_{\sigma l}^{(2)}} + \phi_{2l}\left(\frac{\partial v_x}{\partial x} - \frac{\partial v_z}{\partial z}\right), l=1,\cdots,L_2 \qquad (3-12)$$

$$\dot{e}_{3l} = -\frac{e_{3l}}{\tau_{\sigma l}^{(2)}} + \phi_{2l}\left(\frac{\partial v_x}{\partial z} + \frac{\partial v_z}{\partial x}\right), l=1,\cdots,L_2 \qquad (3-13)$$

式中，

$$\phi_{vl} = \frac{1}{L_v \tau_{\sigma l}^{(v)}} \left(1 - \frac{\tau_{\varepsilon l}^{(v)}}{\tau_{\sigma l}^{(v)}}\right), v = 1, 2 \tag{3-14}$$

从本构关系可以发现，平均应力 $(\sigma_{xx}+\sigma_{zz})/2$ 只依靠与膨胀损耗机制 $(v=1)$ 相关的参数和记忆变量，偏应力 $(\sigma_{xx}-\sigma_{zz})/2$ 和 $\sigma_{xz}$ 只依靠与剪切损耗机制 $(v=2)$ 相关的参数和记忆变量。

## 3.2 边界条件的设定

### 3.2.1 自由表面边界条件

自由表面是地下介质与空气的物性分界面，数值模拟中如何采取有效措施来处理自由表面边界问题，将直接影响到瑞雷波波场模拟效果的好坏。本书采用应力镜像法(Stress Image Method, SIM)来处理粘弹性 VTI 介质波动方程自由表面边界问题(Robertsson,1996)。图 3-1 给出了在 2D 标准交错网格有限差分单元中波场变量和物性参数的位置分布及自由表面位置。

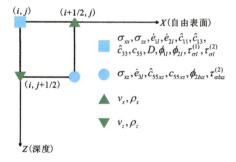

图 3-1　二维标准交错网格差分算法中波场变量和物性参数的位置分布示意图

按照 SIM 的思想，可假设自由表面被设置在 $j=0$ 的位置，$Z$ 轴垂直向下为正方向，则应力和记忆变量需满足：

$$\sigma_{zz}\big|_{j=0} = \dot{e}_{1l}\big|_{j=0} = \dot{e}_{2l}\big|_{j=0} = 0 \tag{3-15}$$

式中，关系 $\dot{e}_{1l}\big|_{j=0} = \dot{e}_{2l}\big|_{j=0} = 0$ 仅对 $\sigma_{zz}$ 的方程(3-4)有效。

自由表面被视为一面镜子,在镜面以上设置虚拟层,并使应力 $\sigma_{zz}$ 和 $\sigma_{xz}$ 关于自由表面作镜像对称,得:

$$\sigma_{zz}|_{j=-k} = -\sigma_{zz}|_{j=k}, \sigma_{xz}|_{j=-k} = -\sigma_{xz}|_{j=k-1}, k=1,\cdots,N \quad (3-16)$$

式中,$N$ 为虚拟层的网格数,它等于有限差分空间算子半阶数。通过镜像处理,这两个应力场在自由表面附近可看作是奇函数。因此,在自由表面上它们的值为 0。

由方程(3-15)可推导出质点速度需满足如下条件:

$$\frac{\partial v_z}{\partial z} = -\frac{\hat{c}_{13}}{\hat{c}_{33}}\frac{\partial v_x}{\partial x} \quad (3-17)$$

在自由表面上,$\sigma_{xx}$ [方程(3-3)],$\dot{e}_{1l}$ [方程(3-11)]和 $\dot{e}_{2l}$ [方程(3-12)]都必须通过方程(3-17)进行更新。根据 Robertsson(1996)的研究,在自由表面以上的虚拟层中,质点速度的设置方法有 3 种,本书采用直接设置为 0 的方法。

### 3.2.2 人工吸收边界条件

实际地球介质中地震波是在半无限空间介质中传播的,而数值模拟是在有限区域内进行的,若处理不当必然会出现虚假人工边界反射问题。本书采用多轴完全匹配层(Multiaxial Perfectly Matched Layer, M-PML)作为人工吸收边界条件处理方法(Zeng et al., 2011)。相对传统的完全匹配层(PML),M-PML 能更好地解决高泊松比条件下由数值误差积累而引起的不稳定性问题。基本思想是波在正交方向上根据多个阻尼系数同时衰减,每个阻尼系数之间是成比例的。

对于二维 PML 模型:

$x$ 方向上的阻尼系数可以定义为:

$$d_x = d_x(x), d_z = p^{(z/x)}d_x(x) \quad (3-18)$$

式中,$p^{(z/x)}$ 为左右两侧 PML 中的阻尼比例系数。

$z$ 方向上的阻尼系数可以定义为:

$$d_x = p^{(x/z)}d_z(z), d_z = d_z(z) \quad (3-19)$$

式中,$p^{(x/z)}$ 为底部 PML 中的阻尼比例系数。

对于阻尼系数的计算公式,以 $d_x$ 为例,它可表示为:

$$d_x(x) = \log\left(\frac{1}{R}\right)\frac{4V_{P\max}}{2\beta}\left(\frac{x}{\beta}\right)^4 \quad (3-20)$$

式中，$R$ 为理论反射系数；$V_{P\max}$ 为该 PML 区域内纵波速度最大值；$\beta$ 为 PML 吸收层厚度；$x$ 为该点到吸收边界的距离。对于二维地震模型中的瑞雷波而言，其能量主要集中在自由表面附近，且随深度的增加而呈指数衰减。因此，只对 PML 的左上角和右上角区域实施多轴技术，对于其余 PML 内部的网格来说，传统的单轴 PML 是稳定的。图 3-2 给出了二维 M-PML 人工吸收边界条件设置示意图。

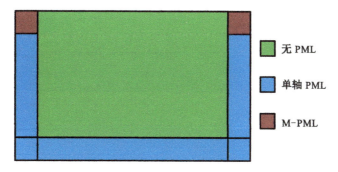

图 3-2 二维 M-PML 人工吸收边界条件设置示意图

本书将记忆变量求和项等分到 M-PML 的分裂方程中，以解决人工边界反射问题。因此，粘弹性 VTI 介质波动方程对应的 M-PML 分裂方程可表示为：

$$v_x = v_x^x + v_x^z, v_z = v_z^x + v_z^z \quad (3-21)$$

$$\begin{cases} (\partial_t + d_x)v_x^x = \dfrac{1}{\rho}\dfrac{\partial \sigma_{xx}}{\partial x} \\ (\partial_t + d_z)v_x^z = \dfrac{1}{\rho}\dfrac{\partial \sigma_{xz}}{\partial z} \end{cases} \quad (3-22)$$

$$\begin{cases} (\partial_t + d_x)v_z^x = \dfrac{1}{\rho}\dfrac{\partial \sigma_{xz}}{\partial x} \\ (\partial_t + d_z)v_z^z = \dfrac{1}{\rho}\dfrac{\partial \sigma_{zz}}{\partial z} \end{cases} \quad (3-23)$$

$$\sigma_{xx} = \sigma_{xx}^x + \sigma_{xx}^z, \sigma_{xz} = \sigma_{xz}^x + \sigma_{xz}^z, \sigma_{zz} = \sigma_{zz}^x + \sigma_{zz}^z \quad (3-24)$$

$$\begin{cases}(\partial_t+d_x)\sigma_{xx}^x=\hat{c}_{11}\dfrac{\partial v_x}{\partial x}+0.5\Big[(D-c_{55})\sum_{l=1}^{L_1}\dot{e}_{1l}+c_{55}\sum_{l=1}^{L_2}\dot{e}_{2l}\Big]\\ (\partial_t+d_z)\sigma_{xx}^z=\hat{c}_{13}\dfrac{\partial v_z}{\partial z}+0.5\Big[(D-c_{55})\sum_{l=1}^{L_1}\dot{e}_{1l}+c_{55}\sum_{l=1}^{L_2}\dot{e}_{2l}\Big]\end{cases} \quad (3-25)$$

$$\begin{cases}(\partial_t+d_x)\sigma_{xz}^x=\hat{c}_{55}\dfrac{\partial v_z}{\partial x}+0.5\Big(c_{55}\sum_{l=1}^{L_2}\dot{e}_{3l}\Big)\\ (\partial_t+d_z)\sigma_{xz}^z=\hat{c}_{55}\dfrac{\partial v_x}{\partial z}+0.5\Big(c_{55}\sum_{l=1}^{L_2}\dot{e}_{3l}\Big)\end{cases} \quad (3-26)$$

$$\begin{cases}(\partial_t+d_x)\sigma_{zz}^x=\hat{c}_{13}\dfrac{\partial v_x}{\partial x}+0.5\Big[(D-c_{55})\sum_{l=1}^{L_1}\dot{e}_{1l}-c_{55}\sum_{l=1}^{L_2}\dot{e}_{2l}\Big]\\ (\partial_t+d_z)\sigma_{zz}^z=\hat{c}_{33}\dfrac{\partial v_z}{\partial z}+0.5\Big[(D-c_{55})\sum_{l=1}^{L_1}\dot{e}_{1l}-c_{55}\sum_{l=1}^{L_2}\dot{e}_{2l}\Big]\end{cases} \quad (3-27)$$

$$\dot{e}_{1l}=\dot{e}_{1l}^x+\dot{e}_{1l}^z,l=1,\cdots,L_1;\dot{e}_{2l}=\dot{e}_{2l}^x+\dot{e}_{2l}^z,\dot{e}_{3l}=\dot{e}_{3l}^x+\dot{e}_{3l}^z,l=1,\cdots,L_2 \quad (3-28)$$

$$\begin{cases}(\partial_t+d_x)\dot{e}_{1l}^x=\phi_{1l}\dfrac{\partial v_x}{\partial x}+0.5\Big(-\dfrac{\dot{e}_{1l}}{\tau_{\sigma l}^{(1)}}\Big)\\ (\partial_t+d_z)\dot{e}_{1l}^z=\phi_{1l}\dfrac{\partial v_z}{\partial z}+0.5\Big(-\dfrac{\dot{e}_{1l}}{\tau_{\sigma l}^{(1)}}\Big)\end{cases} \quad (3-29)$$

$$\begin{cases}(\partial_t+d_x)\dot{e}_{2l}^x=\phi_{2l}\dfrac{\partial v_x}{\partial x}+0.5\Big(-\dfrac{\dot{e}_{2l}}{\tau_{\sigma l}^{(2)}}\Big)\\ (\partial_t+d_z)\dot{e}_{2l}^z=-\phi_{2l}\dfrac{\partial v_z}{\partial z}+0.5\Big(-\dfrac{\dot{e}_{2l}}{\tau_{\sigma l}^{(2)}}\Big)\end{cases} \quad (3-30)$$

$$\begin{cases}(\partial_t+d_x)\dot{e}_{3l}^x=\phi_{2l}\dfrac{\partial v_z}{\partial x}+0.5\Big(-\dfrac{\dot{e}_{3l}}{\tau_{\sigma l}^{(2)}}\Big)\\ (\partial_t+d_z)\dot{e}_{3l}^z=\phi_{2l}\dfrac{\partial v_x}{\partial z}+0.5\Big(-\dfrac{\dot{e}_{3l}}{\tau_{\sigma l}^{(2)}}\Big)\end{cases} \quad (3-31)$$

### 3.2.3 弹性界面边界条件

在标准交错网格有限差分算法中,内部弹性界面因物性突变可能产生解的不稳定性问题。因此,需要对部分介质参数进行平均处理(Bohlen and Saenger, 2016)。如图 3-1 所示,$\rho_x$ 和 $\rho_z$ 分别是与 $v_x$ 和 $v_z$ 相对应的介质密度,$\tau_{\sigma lxz}^{(2)}$ 和 $\phi_{2lxz}$ 为与 $e_{3l}$ 相对应的参数,本书对它们进行了算术平均处理;$c_{55xz}$ 和 $\hat{c}_{55xz}$ 为与 $\sigma_{xz}$ 相对应的弹性常数,对它们进行了调和平均处理。具体的处理公式如下:

$$\rho_x(i+1/2,j) = \frac{\rho(i,j)+\rho(i+1,j)}{2} \tag{3-32}$$

$$\rho_z(i,j+1/2) = \frac{\rho(i,j)+\rho(i,j+1)}{2} \tag{3-33}$$

$$\tau_{\sigma lxz}^{(2)}(i+1/2,j+1/2) = \frac{\tau_{\sigma l}^{(2)}(i,j)+\tau_{\sigma l}^{(2)}(i+1,j)+\tau_{\sigma l}^{(2)}(i,j+1)+\tau_{\sigma l}^{(2)}(i+1,j+1)}{4}$$

$$\tag{3-34}$$

$$\phi_{2lxz}(i+1/2,j+1/2) = \frac{\phi_{2l}(i,j)+\phi_{2l}(i+1,j)+\phi_{2l}(i,j+1)+\phi_{2l}(i+1,j+1)}{4}$$

$$\tag{3-35}$$

$$c_{55xz}(i+1/2,j+1/2) = \frac{4}{c_{55}^{-1}(i,j)+c_{55}^{-1}(i+1,j)+c_{55}^{-1}(i,j+1)+c_{55}^{-1}(i+1,j+1)}$$

$$\tag{3-36}$$

$$\hat{c}_{55xz}(i+1/2,j+1/2) = \frac{4}{\hat{c}_{55}^{-1}(i,j)+\hat{c}_{55}^{-1}(i+1,j)+\hat{c}_{55}^{-1}(i,j+1)+\hat{c}_{55}^{-1}(i+1,j+1)}$$

$$\tag{3-37}$$

## 3.3 粘弹各向异性介质多分量瑞雷波正演差分格式

标准交错网格有限差分法具有易于实现、计算速度快、占用内存小、模拟精度高和能模拟复杂介质等优点。差分方程的建立首先需选择网格布局和差分形式,然后以有限差分代替无限微分,以差分方程代替微分方程及其边界条件,最后建立差分方程。本书采用泰勒级数展开法和四阶龙格—库塔法(Runge-Kutta)来构建在空间上和时间上的差分格式。

### 3.3.1 空间上的差分近似

在标准交错网格有限差分技术中,变量的导数是在相应变量网格点之间的半程上计算的。一阶空间导数可以通过下式来计算:

$$\frac{\partial f}{\partial x} = \frac{1}{\Delta x}\sum_{n=1}^{N} C_n^{(N)} \left\{ f\left[x + \frac{\Delta x}{2}(2n-1)\right] - f\left[x - \frac{\Delta x}{2}(2n-1)\right] \right\} + O(\Delta x^{2N}) \tag{3-38}$$

式中，$C_n^{(N)}$ 为待定的空间差分系数；$\Delta x$ 为空间网格间距。

将 $f\left[x + \frac{\Delta x}{2}(2n-1)\right]$ 和 $f\left[x - \frac{\Delta x}{2}(2n-1)\right]$ 在 $x$ 处用 Taylor 公式展开后，通过求解下述方程组(3-39)即可得到不同阶数的空间差分系数 $C_n^{(N)}$：

$$\begin{pmatrix} 1^1 & 3^1 & \cdots & (2N-1)^1 \\ 1^3 & 3^3 & \cdots & (2N-1)^3 \\ \vdots & \vdots & \vdots & \vdots \\ 1^{2N-1} & 3^{2N-1} & \cdots & (2N-1)^{2N-1} \end{pmatrix} \begin{pmatrix} C_1^{(N)} \\ C_2^{(N)} \\ \vdots \\ C_N^{(N)} \end{pmatrix} = \begin{pmatrix} 1 \\ 0 \\ \vdots \\ 0 \end{pmatrix} \tag{3-39}$$

上面线性方程组的解 $C_n^{(N)}$ 及其截断误差系数 $e_N$ 可归纳为：

$$C_n^{(N)} = \frac{(-1)^{n+1}\prod_{i=1,i\neq n}^{N}(2i-1)^2}{(2n-1)\prod_{i=1,i\neq n}^{N}|(2n-1)^2-(2i-1)^2|} \tag{3-40}$$

$$e_N = \frac{2}{(2N+1)!}\sum_{n=1}^{N}\left(\frac{2n-1}{2}\right)^{2N+1} C_n^{(N)} \tag{3-41}$$

通过式(3-40)可得到任意偶数阶(2N)空间差分系数，进而可以实现在空间上对一阶 P-SV 波速度—应力粘弹性 VTI 介质波动方程用 2N 阶差分精度进行离散。

### 3.3.2 时间上的差分近似

使用标准交错网格来数值求解一阶粘弹性 VTI 介质波动方程对时间求导时，速度、应力和记忆变量分别是在 $t + \Delta t/2$ 和 $t$ 时刻进行计算。为了提高时间差分精度，本书采用四阶龙格—库塔法来处理波动方程中的时间导数。粘弹性 VTI 介质波动方程的向量形式可表示为(Carcione,1994)：

$$\frac{\partial \boldsymbol{V}}{\partial t} = \boldsymbol{A}\frac{\partial \boldsymbol{V}}{\partial \mathrm{x}} + \boldsymbol{B}\frac{\partial \boldsymbol{V}}{\partial z} + \boldsymbol{D} \tag{3-42}$$

式中，$\boldsymbol{V}$、$\boldsymbol{A}$、$\boldsymbol{B}$ 和 $\boldsymbol{D}$ 为矩阵。令上式等号右边的空间导数算子缩写为 $M$，即如下式：

$$M = A\frac{\partial V}{\partial x} + B\frac{\partial V}{\partial z} \qquad (3-43)$$

用 $dt$ 表示时间步长,则 $(n+1)dt$ 时刻的解 $V^{n+1}$ 与 $ndt$ 时刻的解 $V^n$ 的递推关系为:

$$V^{n+1} = V^n + \frac{1}{6}dt(\Delta_1 + 2\Delta_2 + 2\Delta_3 + \Delta_4) \qquad (3-44)$$

式中,

$$\Delta_1 = MV^n + D^n \qquad (3-45)$$

$$\Delta_2 = M\left(V^n + \frac{dt}{2}\Delta_1\right) + D^{(n+1)/2} \qquad (3-46)$$

$$\Delta_3 = M\left(V^n + \frac{dt}{2}\Delta_2\right) + D^{(n+1)/2} \qquad (3-47)$$

$$\Delta_4 = M(V^n + dt\Delta_3) + D^{n+1} \qquad (3-48)$$

四阶龙格—库塔法是基于时间导数近似值($\Delta_i$,$i=1,2,3,4$)加权平均的思想,是一种简单有效的时间积分方法,通过将其引入到有限差分格式中,可提高时间导数的求取精度,进而提高数值模拟精度。在编程实现过程中需要注意的是,自由表面边界条件在每一次时间循环里需要设置 4 次,因为四阶算法需要进行 4 次时间导数近似值的计算。此外,为了更好地结合 M-PML,算法每一阶计算得到的空间导数值替换对应的时间导数值,用于式(3-44)中每一次时间循环的波场更新。

## 3.4 粘弹各向异性介质多模式瑞雷波频散曲线正演

### 3.4.1 弹性各向异性介质

本书利用简化的 Delta 矩阵法推导弹性各向异性介质多模式瑞雷波频散方程。根据 Ikeda 和 Matsuoka(2013)的研究,弹性 VTI 介质多模式瑞雷波频散方程(或特征方程)可表示为:

$$\Delta_R = Y_{24}(H) = 0 \qquad (3-49)$$

式中,$\Delta_R$ 为频散函数(或特征函数);$Y$ 是一个 $4\times 4$ 的矩阵。设 $i$、$j$、$m$ 和 $n$ 都属于数学区间 $[1,4]$ 中的自然数,则 $Y$ 矩阵中元素 $Y_{ij}(z)$ 可由下式计算得到:

$$Y_{ij}(z) = \sum_m \sum_{n>m} b_{ijmn}(z) Y_{mn}(0) \qquad (3-50)$$

变量 $z$ 与地质模型层厚 $h$ 相对应,定义 $z=0$ 为均匀半空间的边界,$z=H$ 为自由表面。因此,在自由表面上的解,需要通过式(3-50)从 $z=0$ 逐层递推计算到 $z=H$。式(3-50)中,涉及的 $Y_{mn}(0)$ 包括:

$$\begin{cases} Y_{12}(0) = d_2 - d_1, Y_{13}(0) = \varepsilon_3 - \varepsilon_1 \\ Y_{14}(0) = -c_{55}d_5, Y_{23}(0) = -c_{33}d_6 \\ Y_{24}(0) = c_{55}(d_1 d_4 - d_2 d_3) \\ Y_{34}(0) = c_{55}(\varepsilon_1 d_4 - \varepsilon_3 d_3) \end{cases} \qquad (3-51)$$

由于 $b_{ijmn}(z)$ 的一系列具体表达式非常复杂,限于篇幅此处不再列出,请参考 Ikeda 和 Matsuoka(2013)文章中附录 C。为了便于读者阅读和编程实践,本书将 $Y_{mn}(0)$ 和 $b_{ijmn}(z)$ 中涉及的所有变量的计算式归纳如下:

$$\begin{cases} \nu_1 = \sqrt{\dfrac{-N_1 + \sqrt{N_1^2 - 4c_{33}c_{55}N_2}}{2c_{33}c_{55}}} \\ \nu_3 = \sqrt{\dfrac{-N_1 - \sqrt{N_1^2 - 4c_{33}c_{55}N_2}}{2c_{33}c_{55}}} \\ N_1 = c_{55}(\rho\omega^2 - c_{55}k^2) + c_{33}(\rho\omega^2 - c_{11}k^2) + (c_{13} + c_{55})^2 k^2 \\ N_2 = (\rho\omega^2 - c_{44}k^2)(\rho\omega^2 - c_{11}k^2) \end{cases} \qquad (3-52)$$

$$\begin{cases} \varepsilon_1 = \dfrac{(c_{13} + c_{55})k\nu_1}{c_{11}k^2 - \rho\omega^2 - c_{55}\nu_1^2} \\ \varepsilon_3 = \dfrac{(c_{13} + c_{55})k\nu_3}{c_{11}k^2 - \rho\omega^2 - c_{55}\nu_3^2} \end{cases} \qquad (3-53)$$

$$C_1(z) = \cosh(\nu_1 z), C_3(z) = \cosh(\nu_3 z) \qquad (3-54)$$

$$S_1(z) = \sinh(\nu_1 z), S_3(z) = \sinh(\nu_1 z) \qquad (3-55)$$

$$\begin{cases} d_1 = c_{33}\nu_1 - c_{13}k\varepsilon_1, d_2 = c_{33}\nu_3 - c_{13}k\varepsilon_3 \\ d_3 = k + \nu_1\varepsilon_1, d_4 = k + \nu_3\varepsilon_3 \\ d_5 = \nu_1\varepsilon_1 - \nu_3\varepsilon_3, d_6 = \nu_3\varepsilon_1 - \nu_1\varepsilon_3 \end{cases} \qquad (3-56)$$

式中，$\omega$ 为角频率；$\rho$ 为介质密度；$c_{11}$、$c_{13}$、$c_{33}$ 和 $c_{55}$ 为弹性 VTI 介质模型的弹性常数；$k$ 为瑞雷波波数。这些参数都是实数，通过采用实数域求根方法来求解频散方程(3-49)的根，即可实现弹性 VTI 介质多模式瑞雷波频散曲线的正演模拟计算。

### 3.4.2 粘弹各向异性介质

与弹性介质相比，粘弹性介质瑞雷波频散方程的形式并没有发生改变，可通过对应规则来计算粘弹介质多模式瑞雷波频散曲线。在粘弹性介质中，弹性常数和瑞雷波波数都变成了复数，且都是角频率的函数，频散函数 $\Delta_R$ 也变为复函数。因此，不能采用实数域求根方法来求解 $\Delta_R$ 的零点。一些学者通过采用某些数值计算方法实现了复数域求解瑞雷波频散方程，如张凯等(2016)研究的 Muller 法。但这些方法求根计算效率低，计算过程复杂，对于复杂的模型某些频点还会出现漏根现象。本书提出了一种简单、稳定且高效的近似求取频散曲线的策略，即利用纵、横波相速度代替纵、横波复速度在实数域进行频散曲线的计算。

在粘弹性 VTI 介质中，垂向上纵、横波相速度 $V_P$ 和 $V_S$ 可由垂向上纵、横波复速度 $V_P^c$ 和 $V_S^c$ 表示，请参考式(2-25)~式(2-28)。进一步地，频变的弹性常数 $C_{11}$、$C_{13}$、$C_{33}$ 和 $C_{55}$ 可通过纵、横波速度 $V_P$ 和 $V_S$，密度 $\rho$ 及 Thomsen 参数 $\varepsilon$ 和 $\delta$ 进行计算：

$$C_{11}(\omega) = \rho(1+2\varepsilon)V_P(\omega)^2 \qquad (3-57)$$

$$C_{13}(\omega) = \rho V_P(\omega)^2 \sqrt{\left(1-\frac{V_S(\omega)^2}{V_P(\omega)^2}\right)\left(1-\frac{V_S(\omega)^2}{V_P(\omega)^2}+2\delta\right)} - \rho V_S(\omega)^2 \qquad (3-58)$$

$$C_{33}(\omega) = \rho V_P(\omega)^2 \qquad (3-59)$$

$$C_{55}(\omega) = \rho V_S(\omega)^2 \qquad (3-60)$$

弹性常数 $C_{11}$、$C_{13}$、$C_{33}$ 和 $C_{55}$ 随角频率 $\omega$ 发生改变，这表明介质粘弹性引起了频散现象。通过对应规则，将频散方程(3-49)所涉及的所有公式中非频变的弹性参数 $c_{11}$、$c_{13}$、$c_{33}$ 和 $c_{55}$ 对应替换为频变的弹性常数 $C_{11}$、$C_{13}$、$C_{33}$ 和 $C_{55}$，即可实现粘弹性 VTI 介质多模式瑞雷波频散曲线正演模拟计算。

该策略使粘弹性 VTI 介质频散函数由复数域变为了实数域。在实数域，本书采用二分法即可确定频散方程(3-49)的根，即瑞雷波的波数 $k$，再通过下式确定瑞雷波的相速度：

$$V_R(\omega) = \omega/\text{Re}[k(\omega)] \qquad (3-61)$$

进而近似获得粘弹性 VTI 介质多模式瑞雷波频散曲线。

## 3.5 模拟参数设置和算法精度测试

### 3.5.1 模拟参数设置

本书采用标准交错网格高阶有限差分算法来进行粘弹性 VTI 介质多分量瑞雷波波场正演模拟，具体模拟参加见表 3-1。模拟空间网格为 $600\times300$ 个节点，空间步长 $dx$ 和 $dz$ 为 $0.2\text{m}$，时间步长 $dt$ 为 $0.5\times10^{-4}\text{s}$，模拟采用 12 阶空间差分精度和 4 阶时间差分精度。模拟震源采用垂向点力源，并设置在节点(1,1)处；震源函数采用主频 $f_p$ 为 $25\text{Hz}$、延迟时间 $t_0$ 为 $0.05\text{s}$ 的高斯一阶导函数。设置一个与震源同深度的检波器排列进行多分量地震记录采集，采集道数为 90，道间距为 $1\text{m}$，最小偏移距为 $11\text{m}$；垂直分量($V_z$)和水平分量($V_x$)同时接收。模拟采用 M-PML 作为人工吸收边界条件，在空间网格右侧和底部分别设置 50 个节点的 $x$ 方向和 $z$ 方向上的吸收层；右上角设置垂向 100 个节点的 $x$ 方向的吸收层，比例系数设为 1.0。考虑到计算成本，本书设置用于描述准膨胀波粘弹性特征的 Zener 元件数量 $L_1$ 和用于描述准剪切波粘弹性特征的 Zener 元件数量 $L_2$ 均为 2；假设一个固定的品质因子关系，即 $Q_S = Q$ 和 $Q_K = 2Q$；参考频率 $f_r$ 等于震源主频 $f_p$。在本书后面的章节中，在没有特别说明的情况下，多分量瑞雷波波场正演模拟皆默认采用表 3-1 中的参数。

此外，值得说明的是在进行粘弹性 VTI 介质多分量瑞雷波地震波场正演模拟和多模式瑞雷波频散曲线正演模拟时，通过设置 $\varepsilon=\delta=0$，可以获得各向同性粘弹性介质的模拟结果；通过设置松弛时间关系 $\tau_{\varepsilon l}^{(v)} = \tau_{\sigma l}^{(v)}$，可以获得各向异性弹性介质的模拟结果；通过同时设置 $\varepsilon=\delta=0$ 和 $\tau_{\varepsilon l}^{(v)} = \tau_{\sigma l}^{(v)}$，可以获得各向同性弹性介质的模拟结果。

### 3.5.2 算法精度测试

为了测试多分量瑞雷波有限差分波场正演模拟算法的精度，我们模拟了一个各向同性弹性均匀半空间模型：纵、横波速度分别为 $663\text{m/s}$ 和 $200\text{m/s}$，密度

### 表3-1 多分量瑞雷波地震波场模拟参数

| 参数类型 | 设置内容 |
| --- | --- |
| 有限差分参数 | 空间网格 $600 \times 300$ 个节点;空间步长 $dx = dz = 0.2m$;时间步长 $dt = 0.5 \times 10^{-4}s$;空间上 12 阶差分精度,时间上 4 阶差分精度 |
| 震源参数 | 震源位于节点 (1,1);震源类型为垂向点力源;震源函数为高斯一阶导函数,主频 $f_p = 25Hz$,延迟时间 $t_0 = 0.05s$ |
| 采集参数 | 检波器排列置于震源所在深度,道数为 90,道间距为 1m,最小偏移距为 11m;垂直分量 (Vz) 和水平分量 (Vx) 同时接收 |
| M-MPL 参数 | 在空间网格右侧和底部分别设置 50 个节点的 $x$ 方向和 $z$ 方向上的吸收层;右上角设置垂向 100 个节点的 $x$ 方向的吸收层;比例系数为 1.0 |
| 粘弹模型参数 | 组成广义 Zener 模型的 Zener 元件的数量 $L_1 = L_2 = 2$;$Q_S = Q$ 和 $Q_K = 2Q$;参考频率 $f_r$ 等于震源主频 $f_p$ ($f_r = f_p$) |

为 $1.9g/cm^3$,在偏移距 35m 处同时设置了 1 个垂直分量和 1 个水平分量检波器,模拟时长 0.3s。图 3-3 给出了模拟的 Vz 分量 (a) 和 Vx 分量 (b) 归一化波形曲线解析解(红色实线)和数值解(蓝色虚线)的对比。由图 3-3 可知,数值解与解析解的差异(绿色点虚线)非常微弱,Vz 分量波形曲线解析解与数值解的拟合误差仅为 0.17%,Vx 分量的拟合误差仅为 0.23%,这表明本书采用的标准交错网格高阶有限差分算法具有高精度的特点。

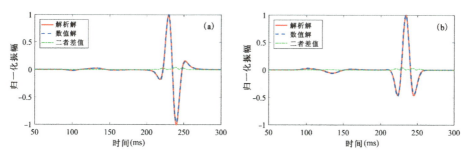

图 3-3 各向同性弹性均匀半空间模型偏移距为 35m 处不同分量
归一化波形曲线数值解和解析解的对比
(a) Vz 分量;(b) Vx 分量

瑞雷波相速度在各向同性粘弹性均匀半空间中具有解析解,可用于测试本书实现的多模式瑞雷波频散曲线正演模拟算法的精度。在各向同性粘弹性均匀半空间中,瑞雷波的频散关系可以表示为(Carcione,1992):

$$\left(\frac{V_R^C}{V_S^C}\right)^6 - 8\left(\frac{V_R^C}{V_S^C}\right)^4 + \left[24 - 16\left(\frac{V_S^C}{V_P^C}\right)^2\right]\left(\frac{V_R^C}{V_S^C}\right)^2 + 16\left[\left(\frac{V_S^C}{V_P^C}\right)^2 - 1\right] = 0$$

(3-62)

式中,$V_R^C$ 为瑞雷波复速度。方程(3-62)在复数域中存在 3 个根,但只有 1 个具有物理意义的根,即瑞雷波复速度的解。进一步通过式 $V_R = 1/\text{Re}(1/V_R^C)$ 可得到瑞雷波相速度。

仍然采用上面的地质模型参数,通过添加品质因子为 20,变成各向同性粘弹性均匀半空间模型。图 3-4 给出了各向同性粘弹性均匀半空间模型瑞雷波相速度解析解与数值解的对比。红色实线表示通过式(3-62)获得的瑞雷波相速度解析解,蓝色实心点表示通过式(3-61)获得的瑞雷波相速度数值解。由图可见,解析解和数值解的拟合误差仅为 $2.42 \times 10^{-12}$,这证明了本书给出的近似计算粘弹各向异性介质中瑞雷波频散曲线的策略是正确和可行的。

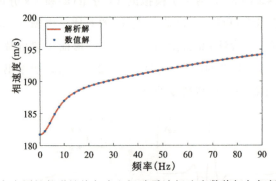

图 3-4 各向同性粘弹性均匀半空间瑞雷波相速度数值解与解析解的对比

# 第4章 粘弹各向同性介质多分量瑞雷波波场传播特性

## 4.1 均匀半空间模型

本节首先模拟均匀半空间模型。表4-1分别给出了本书设计的4个粘弹介质均匀半空间模型：模型4-1-1、模型4-1-2、模型4-1-3和模型4-1-4。这4个模型的横波速度$V_S$、纵波速度$V_P$和密度$\rho$均相等，品质因子$Q$分别为10、20、40和80，可以代表浅地表均匀分布的高泊松比松散介质。除特别说明外，本节瑞雷波模拟所需的参数均见表3-1。

表4-1 粘弹性介质均匀半空间地质模型参数

| 模型号 | 层序号 | 横波速度$V_S$ (m/s) | 纵波速度$V_P$ (m/s) | 密度$\rho$ (g/cm³) | 层厚度 $h$(m) | 品质因子 $Q$ |
|---|---|---|---|---|---|---|
| 模型4-1-1 | 1 | 200 | 663 | 1.9 | 半空间 | 10 |
| 模型4-1-2 | 1 | 200 | 663 | 1.9 | 半空间 | 20 |
| 模型4-1-3 | 1 | 200 | 663 | 1.9 | 半空间 | 40 |
| 模型4-1-4 | 1 | 200 | 663 | 1.9 | 半空间 | 80 |

### 4.1.1 波场快照的对比

本书用模型4-1-2进行弹性和粘弹性介质波场快照的对比。为了获得波型丰富和高分辨率的波场，本书对模型参数和数值模拟参数均做了一定的调整：为了观测到纵波波场，纵波速度$V_P$被减小为400m/s；为了提高波场分辨率，震源主频$f_P$被增大为50Hz；空间网格减小为300×200个节点。

图4-1和图4-2分别给出了均匀半空间模型（模型4-1-2）在时间$t=0.15$s和$t=0.25$s时弹性和粘弹性波场快照对比图。由图可见，波场中各种波清晰可

见,在自由表面都存在明显的瑞雷波(R),其能量在整个波场中占据主导地位,其速度略慢于横波(S);此外,还有纵波(P)和剪切首波(Head)。剪切首波连接了 S 波和 P 波,并与自由表面形成了 $\theta = \sin^{-1}(V_S/V_P) = 30°$ 的夹角。与弹性波场相比,由于粘弹介质的影响,粘弹性波场的能量衰减严重,但两者的群速度大小基本一致。对比图 4-1 和图 4-2 可见,随着旅行时间由 0.15s 增大到 0.25s,粘弹介质引起的波场衰减更加显著。同时,波场中均没有出现数值频散和虚假人工边界反射等问题,表明本书采用的应力镜像法(SIM)和多轴完全匹配层(M-PML)方法能很好地处理自由表面边界问题和人工边界反射问题,采用的标准交错网格高阶有限差分正演模拟技术具有较高的数值模拟精度。

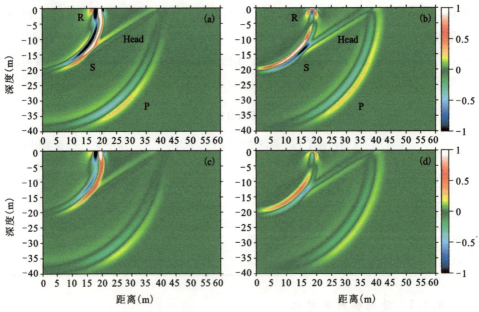

图 4-1 均匀半空间模型在时间 $t=0.15s$ 时质点速度波场快照对比
(a)弹性 Vz 分量;(b)弹性 Vx 分量;(c)粘弹性 Vz 分量;(d)粘弹性 Vx 分量

### 4.1.2 波形曲线的对比

为了分析品质因子 Q 对粘弹介质模拟结果的影响,本书使用表 4-1 中的 4 个地质模型进行弹性和粘弹性介质波形曲线的对比。为了分析参考频率 $f_r$ 对粘弹介质模拟结果的影响,我们分别在参考频率等于 0Hz 和震源主频的条件下进

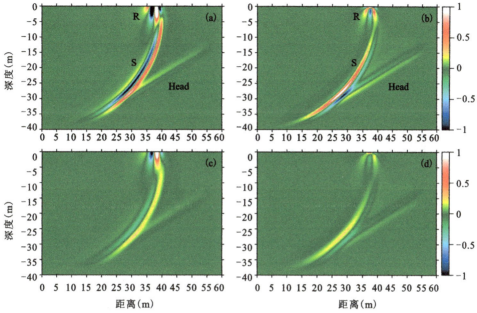

图 4-2 均匀半空间模型在时间 $t=0.25s$ 时质点速度波场快照对比

(a)弹性 Vz 分量;(b)弹性 Vx 分量;(c)粘弹性 Vz 分量;(d)粘弹性 Vx 分量

行了模拟。在震源右侧某一偏移距处分别设置 1 个垂直分量和 1 个水平分量检波器进行接收。

图 4-3 和图 4-4 分别给出了当 $f_r=0Hz$ 和 $f_r=f_p$ 时偏移距为 35m 处弹性和粘弹性介质归一化波形曲线及其振幅谱的对比图。由波形曲线图可见,由于检波器置于自由表面上,因此只有瑞雷波(R)和纵波(P)被记录到;与弹性波形曲线相比,粘弹性瑞雷波波形发生了显著变化,粘弹性波形曲线振幅也被严重衰减。由振幅谱特性曲线图可见,瑞雷波的高频成分比低频成分衰减更加剧烈,中心频率向低频端移动;随着品质因子 $Q$ 从 80 减小到 10,介质粘弹性对瑞雷波传播的影响也越来越强烈。当参考频率 $f_r=0Hz$ 时,随着品质因子 $Q$ 的增大,瑞雷波波形起跳时间越来越晚[图 4-3(a)和(c)];但当参考频率 $f_r=f_p$ 时,粘弹性瑞雷波和弹性瑞雷波波形起跳时间相同[图 4-4(a)和(c)]。对比图 4-3 和图 4-4 可见,在同一品质因子条件下,两种 $f_r$ 情况的粘弹性波形曲线振幅都被严重衰减,但振幅衰减程度相同。两者的差异在于传播速度不同,参考频率越低,

瑞雷波起跳越早,瑞雷波传播速度越快。由此可见,参考频率的改变不会影响瑞雷波振幅衰减和相速度频散程度,但会影响相速度大小,并决定弹性和粘弹性介质瑞雷波相速度相等的频率位置。这些现象都反映了在粘弹介质中瑞雷波的衰减和频散特性。

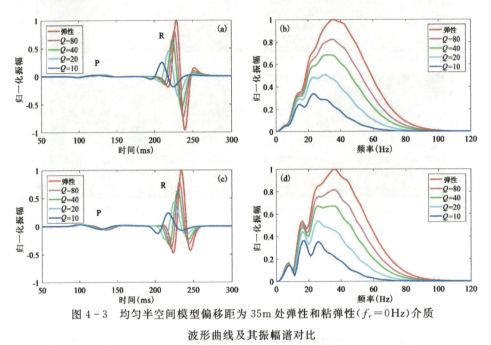

图 4-3 均匀半空间模型偏移距为 35m 处弹性和粘弹性($f_r=0$Hz)介质波形曲线及其振幅谱对比

(a)Vz 分量波形曲线;(b)Vz 分量振幅谱;(c)Vx 分量波形曲线;(d)Vx 分量振幅谱

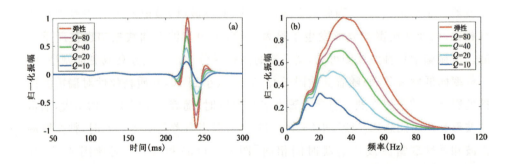

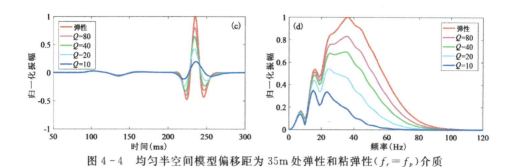

图 4-4 均匀半空间模型偏移距为 35m 处弹性和粘弹性($f_r = f_p$)介质
波形曲线及其振幅谱对比

(a) Vz 分量波形曲线；(b) Vz 分量振幅谱；(c) Vx 分量波形曲线；(d) Vx 分量振幅谱

### 4.1.3 不同偏移距对比

为了分析偏移距对瑞雷波波场模拟结果的影响，图 4-5 给出了偏移距为 20、35 和 50m 处弹性和粘弹性的垂直分量及水平分量单道地震记录对比图。

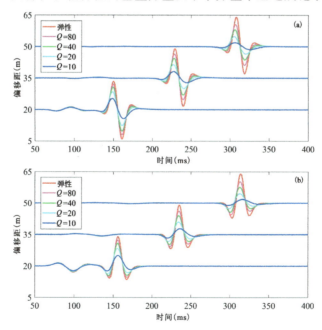

图 4-5 均匀半空间模型偏移距为 20、35 和 50m 处弹性和粘弹性($f_r = f_p$)介质
波形曲线对比
(a) Vz 分量；(b) Vx 分量

由图可见,对于弹性介质,纵波由于几何扩散,其振幅随偏移距的增大而急剧衰减;而瑞雷波由于沿着自由表面传播,其振幅几乎不随偏移距的增大而衰减或衰减非常缓慢。对于粘弹性介质,由于粘弹介质的影响,瑞雷波衰减和频散程度随着偏移距的增大而显著增强。

### 4.1.4 频散能量图对比

本书使用模型 4-1-1 和模型 4-1-2 进行弹性和粘弹性介质瑞雷波频散能量图的对比。模拟时道数为 90 道,最小偏移距为 11m,道间距为 1m,模拟时长为 0.8s,垂直分量检波器接收,其他模拟参数见表 3-1。分别对弹性和粘弹性半空间进行模拟,可采集到对应的炮集记录,如图 4-6(a)、(c)和(e)所示;再通过高分辨率线性拉东变换得到其对应的频散能量图,如图 4-6(b)、(d)和(f)所示,在频散能量图上,黑色实心点代表利用简化的 Delta 矩阵法计算得到的瑞雷波频散曲线理论值。

由炮集记录可见,图中瑞雷波清晰可见,其能量占主导地位,均没有出现数值频散和人工边界反射等数值模拟假象。弹性瑞雷波振幅极强,且基本上不随偏移距的变化而变化[图 4-6(a)];粘弹性瑞雷波振幅衰减明显,且衰减程度随偏移距的增大而增大[图 4-6(c)和(e)]。由频散能量图可见,弹性和粘弹性瑞雷波频散能量最大峰值均能与理论值相吻合,这同时验证了波场模拟和频散曲线正演模拟结果的正确性。在图 4-6(b)中,由于瑞雷波在弹性半空间中没有频散特性,所以其以一固定的相速度(189.8m/s)传播,频散曲线为一条直线。在图 4-6(d)和(f)中,由于介质的粘弹性,瑞雷波的相速度发生了频散,且随着频率的增大而增大,频散曲线为一条曲线,频散能量图的分辨率随着品质因子 $Q$ 的降低也明显降低。

第4章 粘弹各向同性介质多分量瑞雷波波场传播特性

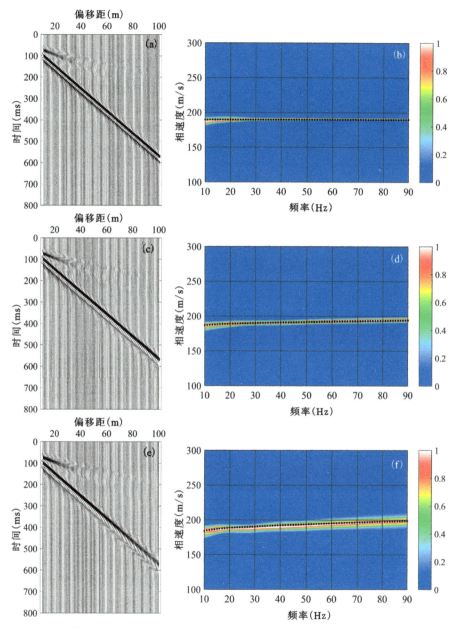

图4-6 在均匀半空间模型中弹性和粘弹性($f_r = f_p$)炮集记录及其频散能量图的对比
(a)弹性模型的炮集记录;(b)弹性模型的频散能量图;(c)模型4-1-2的炮集记录;
(d)模型4-1-2的频散能量图;(e)模型4-1-1的炮集记录;(f)模型4-1-1的频散能量图

## 4.2 两层地质模型

考虑到篇幅限制，本书仅以两层速度递增模型为例分析介质的粘弹性对层状介质瑞雷波垂直分量（Vz）和水平分量（Vx）的影响，而对于本书中其他的层状介质模型，均只分析瑞雷波勘探中常用的垂直分量（Vz）。

表 4-2 给出了近地表勘探中常见的 2 个粘弹两层速度递增型地质模型。图 4-7 和图 4-8 分别给出了对表 4-2 中弹性和粘弹性介质模型进行波场模拟获得的多分量炮集记录及其对应的频散能量图。

表 4-2 粘弹性介质两层速度递增型地质模型参数

| 模型号 | 层序号 | 横波速度 $V_S$(m/s) | 纵波速度 $V_P$(m/s) | 密度 $\rho$(g/cm$^3$) | 层厚度 $h$(m) | 品质因子 $Q$ |
|---|---|---|---|---|---|---|
| 模型 4-2-1 | 1 | 200 | 663 | 1.9 | 12 | 20 |
| | 2 | 500 | 1658 | 2.0 | 半空间 | 20 |
| 模型 4-2-2 | 1 | 200 | 663 | 1.9 | 12 | 10 |
| | 2 | 500 | 1658 | 2.0 | 半空间 | 20 |

由模拟的炮集记录可见，由于采用了标准交错网格高阶有限差分数值模拟技术、应力镜像法（SIM）自由表面边界处理条件和多轴完全匹配层（M-PML）吸收边界条件，数值频散和人工边界反射等数值模拟假象被大大削弱了，数值模拟精度得到有效提高。图 4-7(a) 和图 4-8(a) 分别是弹性模型瑞雷波 Vz 分量和 Vx 分量炮集记录。由图可见，图中瑞雷波地震记录清晰可辨，且呈发散的扫帚状；其能量在纵向上迅速衰减，在横向上衰减缓慢。此外，还有直达波、折射波和反射波等体波，但瑞雷波地震波场信噪比最高，能量最强，在整个地震波场中占主导地位。图 4-7(c) 和图 4-8(c) 分别是模型 4-2-1 对应的瑞雷波 Vz 分量和 Vx 分量炮集记录。由图可见，由于介质的粘弹性，瑞雷波振幅被严重衰减，同相轴条数明显减少，高频同相轴衰减更加剧烈。图 4-7(e) 和图 4-8(e) 分别是模型 4-2-2 瑞雷波 Vz 分量和 Vx 分量炮集记录。由图可见，因为模型 4-2-2 的品质因子 $Q$ 值比模型 4-2-1 的小，其瑞雷波振幅衰减更加剧烈。

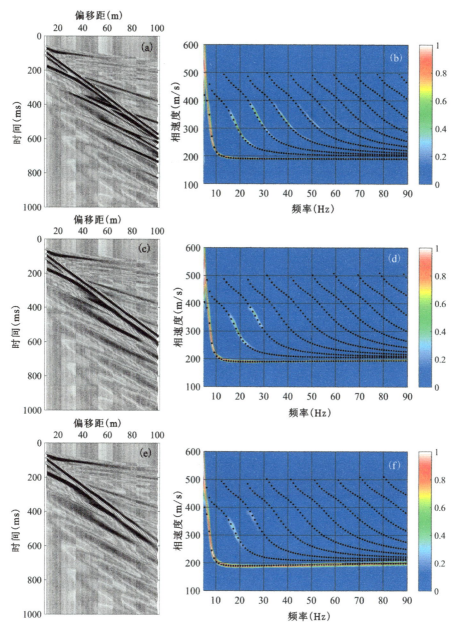

图 4-7 两层速度递增模型弹性和粘弹性 Vz 分量炮集记录及其频散能量图对比
(a)弹性模型的炮集记录;(b)弹性模型频散的能量图;(c)模型 4-2-1 的炮集记录;
(d)模型 4-2-1 的频散能量图;(e)模型 4-2-2 的炮集记录;(f)模型 4-2-2 的频散能量图

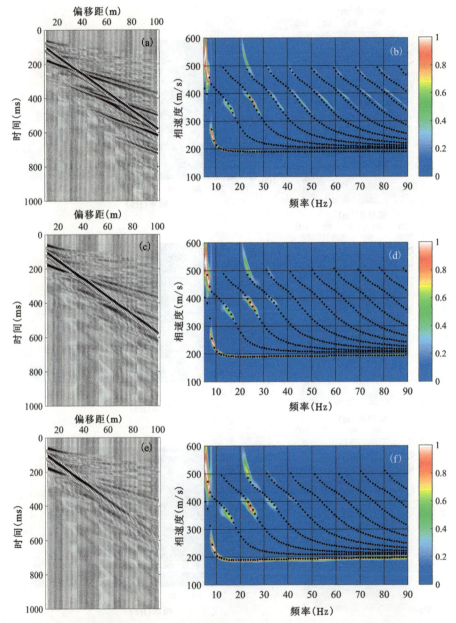

图 4-8 两层速度递增模型弹性和粘弹性 Vx 分量炮集记录及其频散能量图对比
(a)弹性模型的炮集记录;(b)弹性模型的频散能量图;(c)模型 4-2-1 的炮集记录;
(d)模型 4-2-1 的频散能量图;(e)模型 4-2-2 的炮集记录;(f)模型 4-2-2 的频散能量图

由模拟的频散能量图可见,弹性和粘弹性瑞雷波频散能量最大峰值均能与理论值较好地吻合,这进一步验证了波场模拟和频散曲线正演模拟结果的正确性。由图可见,瑞雷波具有多模式频散特性,基阶波能量在整个频带范围内(5~90Hz)占主导地位且没有截止频率;与基阶波能量相比,高阶波能量随着阶数的增大而逐渐减弱,且具有低截止频率,其相速度在高频段趋近于表层介质的相速度,在低频段趋近于深层介质的相速度。与Vz分量频散能量图相比,Vx分量的基阶模式在低频段(<10Hz)存在频散能量间断,但Vx分量的高阶模式频散能量更强。与弹性频散能量图相比,粘弹性频散能量图中瑞雷波高阶模式能量被严重衰减,其频散能量的分辨率也明显降低;同时,随着品质因子$Q$的减小,瑞雷波衰减和频散更加突出。

通过从图4-7和图4-8的炮集记录中抽取偏移距为50m处的单道地震记录,获得弹性和粘弹性归一化波形曲线及其振幅谱对比图(图4-9)。该图再次直观地反映了介质的粘弹性引起的瑞雷波振幅和频散衰减:粘弹性瑞雷波的振幅严重衰减,高频成分比低频成分衰减更加剧烈,振幅谱中心频率向低频端移动;品质因子越小,衰减程度越大。

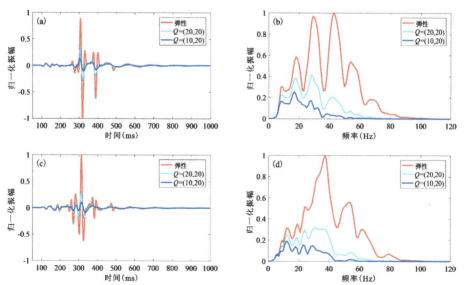

图4-9 两层速度递增模型偏移距为50m处弹性和粘弹性介质波形曲线及其振幅谱对比
(a)Vz分量波形曲线;(b)Vz分量对应的振幅谱;(c)Vx分量波形曲线;(d)Vx分量对应的振幅谱

## 4.3 四层地质模型

本节设计了三类典型的四层地质模型：第一类是速度递增型地质模型，即横波速度随深度的增大而增大，如模型4-3-1（表4-3），这类模型常见于沉积地层或土层；第二类是含低速软夹层地质模型，即在横波速度结构中存在相对于上下地层速度更低地层的模型，如模型4-3-2（表4-4），这类模型常见于含非金属矿藏（如煤矿等）软弱夹层的地层或高速公路路基地质结构等；第三类是含高速硬夹层地质模型，即在横波速度结构中存在相对于上下地层速度更高地层的模型，如模型4-3-3（表4-5），这类模型常见于含金属矿藏（如铁矿等）坚硬夹层的地层或含冻土地层结构等。这3个地质模型的密度和厚度结构设为相同，每层的纵波速度通过对应的横波速度和泊松比（高泊松比）计算得到，每层的品质因子取对应层横波速度的1/10。

表4-3 粘弹性介质四层速度递增型地质模型参数（模型4-3-1）

| 层序号 | 横波速度 $V_S$(m/s) | 纵波速度 $V_P$(m/s) | 密度 $\rho$(g/cm³) | 层厚度 $h$(m) | 品质因子 $Q$ |
|---|---|---|---|---|---|
| 1 | 200 | 663 | 2.0 | 5 | 20 |
| 2 | 300 | 995 | 2.0 | 4 | 30 |
| 3 | 400 | 1327 | 2.0 | 6 | 40 |
| 4 | 500 | 1658 | 2.0 | 半空间 | 50 |

表4-4 粘弹性介质四层含低速软夹层地质模型参数（模型4-3-2）

| 层序号 | 横波速度 $V_S$(m/s) | 纵波速度 $V_P$(m/s) | 密度 $\rho$(g/cm³) | 层厚度 $h$(m) | 品质因子 $Q$ |
|---|---|---|---|---|---|
| 1 | 300 | 609 | 2.0 | 5 | 30 |
| 2 | 200 | 735 | 2.0 | 4 | 20 |
| 3 | 400 | 1327 | 2.0 | 6 | 40 |
| 4 | 500 | 1658 | 2.0 | 半空间 | 50 |

表 4-5　粘弹性介质四层含高速硬夹层地质模型参数(模型 4-3-3)

| 层序号 | 横波速度 $V_S$(m/s) | 纵波速度 $V_P$(m/s) | 密度 $\rho$(g/cm³) | 层厚度 $h$(m) | 品质因子 $Q$ |
|---|---|---|---|---|---|
| 1 | 200 | 663 | 2.0 | 5 | 20 |
| 2 | 400 | 812 | 2.0 | 4 | 40 |
| 3 | 300 | 1102 | 2.0 | 6 | 30 |
| 4 | 500 | 1658 | 2.0 | 半空间 | 50 |

### 4.3.1　速度递增型的地质模型

通过对模型 4-3-1 进行数值模拟,可以得到弹性和粘弹性介质对应的炮集记录及其频散能量图,如图 4-10 所示。

由模拟的炮集记录可见,瑞雷波同相轴清晰可见,层次分明,且呈发散的扫帚状;其能量在纵向上迅速衰减,在横向上衰减缓慢;另有直达波、折射波和反射波等体波,但瑞雷波信噪比最高,能量最强。对比图 4-10(a)和图 4-10(c)可见,由于介质的粘弹性,图中瑞雷波的振幅被严重衰减,高频同相轴衰减更加剧烈。

由模拟的频散能量图可见,弹性和粘弹性瑞雷波频散能量最大峰值均能与理论值较好地吻合,这进一步验证了波场模拟和频散曲线正演模拟结果的正确性。基阶模式在小于 30Hz 的频带范围内存在一定误差,分析其原因,可能主要是由数值模拟计算误差、非平面波传播和体波干扰影响等引起。图 4-10(b)是弹性模型对应的频散能量图,图中存在能量占主导地位的基阶模式,也存在能量较弱的高阶模式;基阶模式相速度在高频段趋近第一层介质相速度,在低频段趋近深层介质相速度。图 4-10(d)是模型 4-3-1 对应的频散能量图,由于介质的粘弹性,图中高阶模式频散能量已完全衰减,频散能量的分辨率也有一定程度的降低。

### 4.3.2　含低速软夹层地质模型

通过对模型 4-3-2 进行数值模拟,可以得到弹性和粘弹性介质对应的炮集记

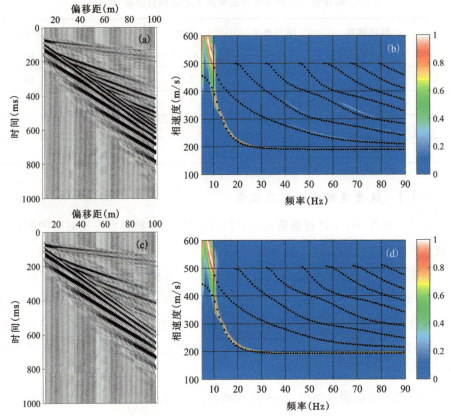

图 4-10 四层速度递增模型弹性和粘弹性炮集记录及其频散能量图的对比

(a)弹性模型的炮集记录;(b)弹性模型的频散能量图;(c)模型 4-3-1 的炮集记录;(d)模型 4-3-1 的频散能量图

录及其频散能量图,如图 4-11 所示。

图 4-11(a)是弹性模型对应的炮集记录。由图可见,瑞雷波同相轴清晰可见,且呈发散的扫帚状,但分布较图 4-10(a)频散性高,反映了该含低速软夹层模型比模型 4-3-1 更加复杂;其能量在纵向上衰减迅速,在横向上衰减缓慢;另有直达波、折射波和反射波等体波,但瑞雷波能量最强,在整个地震记录中占据主导地位。图 4-11(c)是模型 4-3-2 对应的炮集记录,由于介质的粘弹性,图中瑞雷波振幅严重衰减,同相轴的条数明显减少,高频成分衰减更加剧烈。

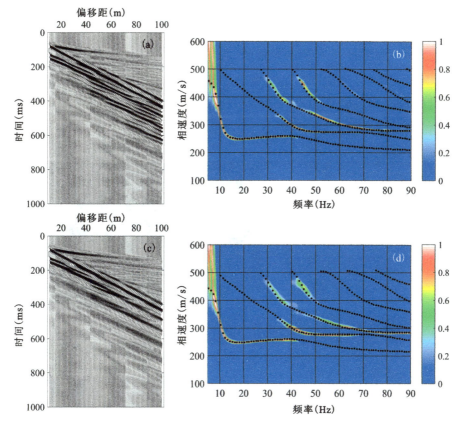

图4-11 四层含低速软夹层模型弹性和粘弹性炮集记录及其频散能量图的对比
(a)弹性模型的炮集记录;(b)弹性模型的频散能量图;(c)模型4-3-2的炮集记录;(d)模型4-3-2的频散能量图

由模拟的频散能量图可见,弹性和粘弹性瑞雷波频散能量最大峰值均能与理论值较好地吻合,这进一步验证了波场模拟和频散曲线正演模拟结果的正确性。图4-11(b)是弹性模型对应的频散能量图。由图可见,图中频散能量较强的模式不仅有基阶模式,还有第一高阶模式、第二高阶模式和第三高阶模式;基阶模式的频散能量在频率小于40Hz的低频段占主导地位;在频率大于40Hz的高频段,高阶模式的频散能量占主导地位;该图与图4-10(b)四层速度递增模型的频散能量分布呈现出较明显的差异,且更为复杂,这进一步体现了含低速软夹层模型的复杂性。图4-11(d)是模型4-3-2对应的频散能量图。由图可见,由于介质的粘弹性,图中第二和第三高阶模式的频散能量有所衰减,第四和第五高阶模式的能量已完全衰减;频散能量的分辨率也存在一定程度的降低。

### 4.3.3 含高速硬夹层地质模型

通过对模型 4-3-3 进行数值模拟,可以得到弹性和粘弹性介质对应的炮集记录及其频散能量图,如图 4-12 所示。

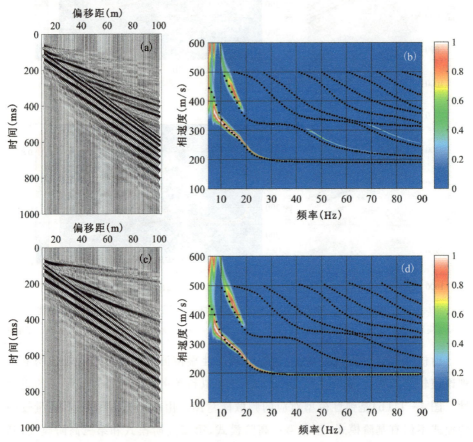

图 4-12 四层含高速硬夹层模型弹性和粘弹性炮集记录及其频散能量图的对比
(a)弹性模型的炮集记录;(b)弹性模型的频散能量图;(c)模型 4-3-3 的炮集记录;(d)模型 4-3-3 的频散能量图

图 4-12(a)是弹性模型对应的炮集记录。由图可见,图中瑞雷波同相轴清晰可见,层次分明,且呈发散的扫帚状;其能量在纵向上迅速衰减,在横向上衰减

缓慢;另有直达波、折射波和反射波等体波,但瑞雷波信噪比最高,能量在整个地震记录中占主导地位。图4-12(c)是模型4-3-3对应的炮集记录,由于介质的粘弹性,图中瑞雷波的振幅被严重衰减,且衰减程度随着偏移距的增大而增强;瑞雷波同相轴的条数明显减少,同相轴高频成分衰减更加剧烈。

由模拟的频散能量图可见,弹性和粘弹性瑞雷波频散能量最大峰值均能与理论值较好地吻合,这进一步验证了波场模拟和频散曲线正演模拟结果的正确性。图4-12(b)是弹性模型对应的频散能量图,图中具有较强频散能量的模式有基阶模式和第一高阶模式,基阶模式在整个频带范围内能量都占据主导地位,高频趋近浅层介质速度,低频趋近深层介质速度;第一高阶模式在$10\sim20\mathrm{Hz}$的频带内具有较强的频散能量。图4-12(d)是模型4-3-3对应的频散能量图,由于介质的粘弹性,图中第一高阶模式高频部分和第二高阶模式的频散能量已完全衰减;频散能量的分辨率也有一定程度的降低。

## 4.4 复杂地质模型

前三节模拟研究了半空间和层状介质模型中瑞雷波的传播过程,分析了在粘弹性介质中瑞雷波的衰减和频散特征。然而,在实际地球介质中经常会遇到由于人类活动或自然形成的断层和空洞这两类复杂地质构造。本节将针对这两类复杂地质模型,模拟研究瑞雷波在粘弹介质中的频散和衰减特性。

### 4.4.1 断层地质模型

图4-13给出了一个粘弹介质含断层两层速度递增型地质模型(模型4-4-1),模型各参数在图中已标明。该模型是由一个均匀半空间正断层上覆一个单层沉积地层组成,断层形成的界面作为第一层和第二层介质的物性分界面。断层面倾角为45°,铅直地层断距和水平地层断距均为4m;断层上盘和下盘与自由表面的距离分别为3m和7m。模拟采用表3-1中的参数,震源设置在断层左侧,且与断层面右端的水平距离为55m,设置垂直分量检波器进行采集,采集时长为1.0s。

图4-14给出了利用模型4-4-1模拟的弹性和粘弹性介质垂直分量炮集记录及其频散能量图。由图4-14(a)可见,由于地震波在断层断点处(偏移距为

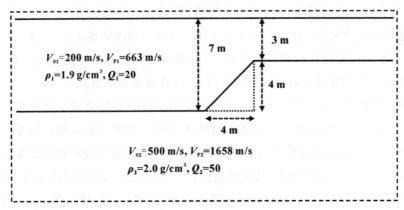

图 4-13　粘弹性介质含断层两层速度递增型地质模型(模型 4-4-1)

55m)发生了绕射,且断层倾向与正常地震波传播方向相反,因此,在偏移距小于 55m 的范围内,可以明显地观察到与正常地震波同相轴倾向相反且能量更弱的绕射波,包括绕射体波和绕射瑞雷波。其中,绕射瑞雷波信噪比更高,能量更强。由于地层分界面深度的差异,在偏移距 55m 的两侧,瑞雷波同相轴的数量和产状等都明显不同。例如,在偏移距 55m 的右侧地层深度为 3m,对应的同相轴数量更多,同相轴产状更缓;而左侧地层深度为 7m,对应的同相轴数量更少,同相轴产状更陡。与图 4-14(a)相比,由于介质粘弹性的影响,图 4-14(c)中瑞雷波振幅被严重衰减,偏移距 55m 右侧的同相轴和高频同相轴衰减更加剧烈。

在图 4-14(b)和(d)的频散能量图中,黑色小圆点和红色小三角均代表利用简化的 Delta 矩阵法计算得到的不含断层两层地质模型瑞雷波频散曲线理论值,前者对应第一层层厚为 7m 的模型(模型 A),后者对应第一层层厚为 3m 的模型(模型 B)。由图 4-14(b)可见,在小于 30Hz 的频率范围内,分布着模型 A 基阶模式对应的频散能量;在 20~50Hz 的频率范围内,模型 A 第一高阶模式与模型 B 基阶模式的频散能量相互融合,频散能量相对分散;在大于 50Hz 的频率范围内,模型 A 与模型 B 的基阶模式频散能量逐渐融合,并均趋近于第一层介质的相速度(190m/s)。与图 4-14(b)相比,由于介质粘弹性的影响,图 4-14(d)中模型 B 对应的频散能量被严重衰减,使模型 A 对应的频散能量相对更加突出,模型 A 基阶模式频散能量分布在整个频率范围内,频散能量的分辨率也有所降低。

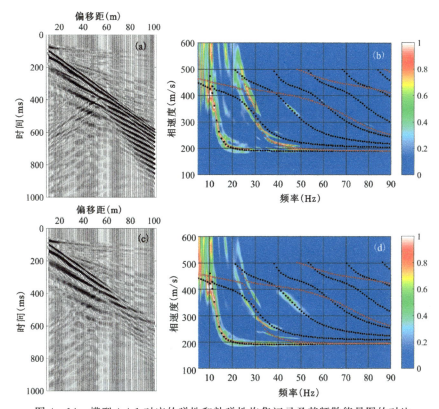

图 4-14 模型 4-4-1 对应的弹性和粘弹性炮集记录及其频散能量图的对比
(a)弹性介质的炮集记录；(b)弹性介质的频散能量图；(c)粘弹性介质的炮集记录；(d)粘弹性介质的频散能量图

### 4.4.2 空洞地质模型

图 4-15 给出了一个粘弹性介质含空洞两层速度递增型地质模型，即模型 4-4-2(空洞位于第一层介质中)，模型各参数在图中已标明。空洞模型是采用一个边长为 5m 的正方形空洞，空洞内充填了标准条件下的空气，空洞顶边界与自由表面平行且距离为 3m。模拟采用表 3-1 中的参数，震源设置在空洞左侧，且与空洞左边界的水平距离为 55m，设置垂直分量检波器进行接收，采集时长为 1.0s。

图 4-16 给出了利用模型 4-4-2 模拟的弹性和粘弹性介质垂直分量炮集记录及其频散能量图。由图 4-16(a)可见，由于地震波在偏移距为 55 m 的空洞顶点(左上顶点)和偏移距为 60m 的空洞顶点(右上顶点)处发生了绕射，且均能被

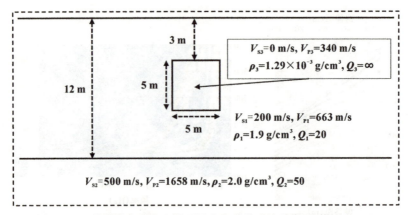

图 4-15 粘弹性介质含空洞两层速度递增型地质模型(模型 4-4-2)

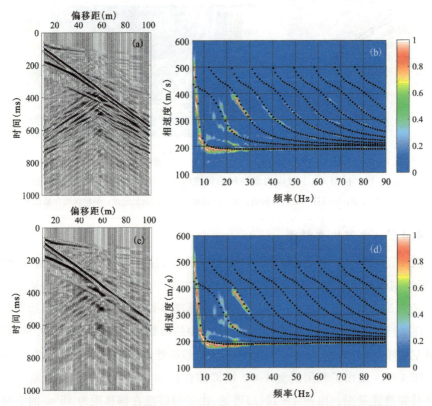

图 4-16 模型 4-4-2 对应的弹性和粘弹性炮集记录及其频散能量图的对比
(a)弹性介质的炮集记录;(b)弹性介质的频散能量图;(c)粘弹性介质的炮集记录;(d)粘弹性介质的频散能量图

设置在自由表面上的检波器接收到,因此图中在偏移距55m两侧均可观察到绕射波。左侧因左上顶点产生的绕射波能量较强,同相轴倾向与正常瑞雷波倾向相反,右侧因右上顶点产生的绕射波能量较弱,同相轴倾向与正常瑞雷波倾向相同。绕射波中不同时刻形成的同相轴随着时间的增大振幅逐渐减弱;绕射波与正常地震波相互叠加干涉,同相轴表现出复杂性和不连续性。与图4-16(a)相比,由于介质粘弹性的影响,图4-16(c)中无论是正常瑞雷波,还是绕射瑞雷波,它们的振幅都严重衰减,高频同相轴衰减更加剧烈,但在偏移距55m两侧仍存在部分低频低振幅的绕射波同相轴。

在图4-16(b)和(d)的频散能量图中,黑色小圆点代表利用简化的Delta矩阵法计算得到的不含空洞两层地质模型的瑞雷波相速度理论值。由图4-16(b)可见,由于绕射波的影响,图中瑞雷波频散能量与其理论值不能完全吻合,频散能量连续性不强。在小于30Hz的频率范围内,基阶模式和两个高阶模式的频散能量都很强;在大于30Hz的频率范围内,分布着多个频散能量较弱的高阶模式,瑞雷波频散能量与其理论值能较好地吻合,基阶模式相速度在高频趋近第一层介质的相速度(190m/s)。与图4-16(b)相比,由于介质粘弹性的影响,图4-16(d)中瑞雷波高阶模式严重衰减,仅在小于30Hz的低频段还存在着第一和第二高阶模式频散能量,基阶模式在整个频段都具有较强且连续的频散能量。高频绕射波严重衰减,使得图中频散能量变得相对整洁和连续;在小于30Hz的频率范围内,频散能量与黑色圆点仍不能吻合,这是因为低频绕射波的影响依然存在。

# 第 5 章　粘弹各向异性介质多分量瑞雷波波场传播特性

## 5.1　均匀半空间模型

为分析粘弹各向异性介质对瑞雷波的影响，本节首先模拟均匀半空间模型，并分别从波场快照、波形曲线和频散能量图 3 个角度，对各向同性弹性（Isotropic Elastic，IE）、各向异性弹性（Anisotropic Elastic，AE）和各向异性粘弹性（Anisotropic Viscoelastic，AV）介质模拟结果进行对比分析。为此，表 5-1 中给出了 5 个各向异性弹性介质均匀半空间模型，这 5 个模型仅 Thomsen 参数的取值不同；表 5-2 中给出了一个各向异性粘弹性介质均匀半空间模型。

表 5-1　各向异性弹性介质均匀半空间地质模型参数

| 模型号 | 层序号 | 横波速度 $V_S$(m/s) | 纵波速度 $V_P$(m/s) | 密度 $\rho$(g/cm³) | 层厚度 $h$(m) | Thomsen 参数 ||
|---|---|---|---|---|---|---|---|
| | | | | | | $\varepsilon$ | $\delta$ |
| 模型 5-1-1 | 1 | 200 | 663 | 1.9 | 半空间 | 0.1 | 0.2 |
| 模型 5-1-2 | 1 | 200 | 663 | 1.9 | 半空间 | 0.3 | 0.2 |
| 模型 5-1-3 | 1 | 200 | 663 | 1.9 | 半空间 | 0.2 | 0.2 |
| 模型 5-1-4 | 1 | 200 | 663 | 1.9 | 半空间 | 0.2 | 0.3 |
| 模型 5-1-5 | 1 | 200 | 663 | 1.9 | 半空间 | 0.2 | 0.1 |

表 5-2　各向异性粘弹性介质均匀半空间地质模型参数（模型 5-1-6）

| 层序号 | 横波速度 $V_S$(m/s) | 纵波速度 $V_P$(m/s) | 密度 $\rho$(g/cm³) | 层厚度 $h$(m) | 品质因子 $Q$ | Thomsen 参数 ||
|---|---|---|---|---|---|---|---|
| | | | | | | $\varepsilon$ | $\delta$ |
| 1 | 200 | 663 | 1.9 | 半空间 | 20 | 0.4 | 0.2 |

## 5.1.1 波场快照的对比

在波场快照的对比中,为了获得波型丰富和高分辨率的波场,笔者对模型参数和数值模拟参数均做了一定调整。为了观测到纵波波场,纵波速度 $V_P$ 减小为 400m/s;为了提高波场分辨率,震源主频 $f_P$ 增大为 50Hz;空间网格减小为 $300\times 250$ 个节点。

图 5-1 给出了模型 5-1-1 和模型 5-1-5 在时间 $t=0.14s$ 时的 IE 和不同 AE 介质质点速度波场快照的对比。由图可见,波场中各种波清晰可见,在自由表面都存在着明显的瑞雷波(R),其能量在整个波场中占据主导地位,其速度略慢于横波(S);此外,还有纵波(P)和剪切首波(Head)。剪切首波连接了 S 波和 P 波,并与自由表面形成了 $\theta=\sin^{-1}(V_S/V_P)=30°$ 的夹角。P 波和 S 波波前形状均为以原点(震源激发位置)为圆点的圆形。模拟结果表明本书采用的应力镜像法(SIM)和多轴完全匹配层(M-PML)方法能很好地处理自由表面边界问题和人工边界反射问题,采用的标准交错网格高阶有限差分正演模拟技术具有较高的数值模拟精度。

图 5-1(c)和(d)分别表示模型 5-1-1 所对应的 AE 介质 Vz 和 Vx 分量的波场快照,与图 5-1(a)和(b)各向同性弹性波场相比,由于该模型 Thomsen 参数($\varepsilon=0.1,\delta=0.2$)的影响,其 S 波波前的曲率变得更小,能量更加分散;P 波波前的形状呈长轴在 $x$ 方向上的椭圆。图 5-1(e)和(f)分别表示模型 5-1-5 所对应的 AE 介质 Vz 和 Vx 分量的波场快照,由于该模型 Thomsen 参数($\varepsilon=0.2,\delta=0.1$)的影响,其 S 波波前的曲率变得更大,能量更加集中;P 波波前的形状呈长轴在 $x$ 方向上的椭圆,且它的长轴比模型 5-1-1 对应波场的长轴更长。分析其原因,主要因为在 VTI 介质中地震波的速度在 $x$ 方向与各向同性介质不同,在 $z$ 方向与各向同性介质相同。

图 5-2 给出了模型 5-1-6 在时间 $t=0.14s$ 时的 IE、AE 和 AV 介质质点速度波场快照的对比。图 5-2(c)和(d)分别表示 AE 介质 Vz 和 Vx 分量的波场快照,由图可见,与图 5-2(a)和(b)各向同性弹性波场相比,由于 Thomsen 参数($\varepsilon=0.4,\delta=0.2$)的取值更大,导致其 S 波波前的曲率变得更大,能量更加集中;P 波波前的形状呈长轴在 $x$ 方向上的椭圆。图 5-2(e)和(f)分别表示 AV 介质 Vz 和 Vx 分量的波场快照,与 AE 波场相比,由于介质粘弹性的影响,地震波能

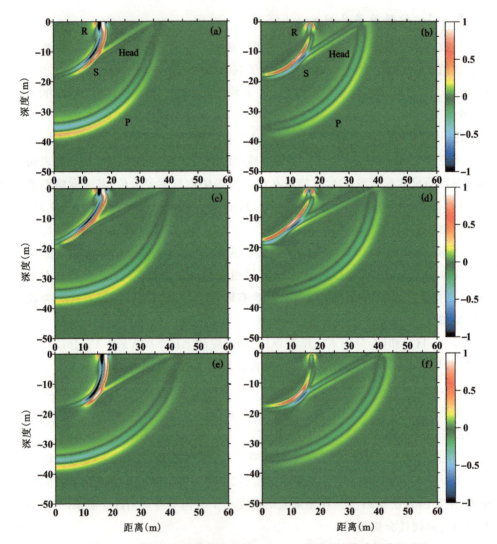

图 5-1 均匀半空间模型在时间 $t=0.14\mathrm{s}$ 时质点速度波场快照对比
(a)IE:Vz 分量;(b)IE:Vx 分量;(c)AE(模型 5-1-1):Vz 分量;(d)AE(模型 5-1-1):Vx 分量;
(e)AE(模型 5-1-5):Vz 分量;(f)AE(模型 5-1-5):Vx 分量

量显著衰减;与 IE 波场相比,AV 波场的差异是由介质的各向异性和粘弹性共同作用的结果。

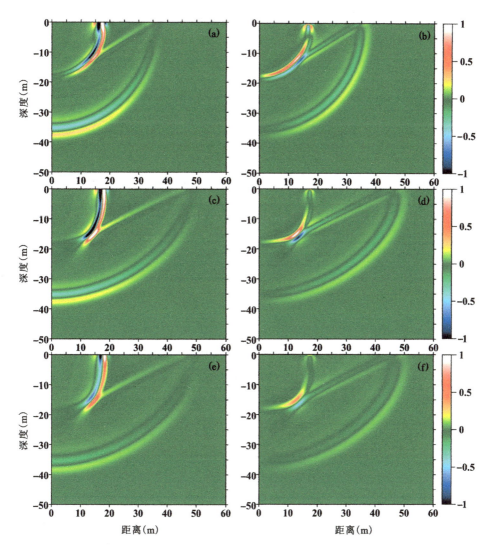

图 5-2 均匀半空间模型(模型 5-1-6)在时间 $t=0.14$ s 时质点速度波场快照对比
(a)IE:Vz 分量;(b)IE:Vx 分量;(c)AE:Vz 分量;(d)AE:Vx 分量;(e)AV:Vz 分量;(f)AV:Vx 分量

## 5.1.2 波形曲线的对比

为了进一步分析 Thomsen 参数对各向异性介质瑞雷波波场特征的影响,表 5-1 中的 5 个地质模型均被用于 IE 和 AE 介质波形曲线的对比。在震源右侧偏移距为 35m 的位置分别设置 1 个垂直分量和 1 个水平分量检波器,通过波场模拟可采集到对应的单道地震记录。

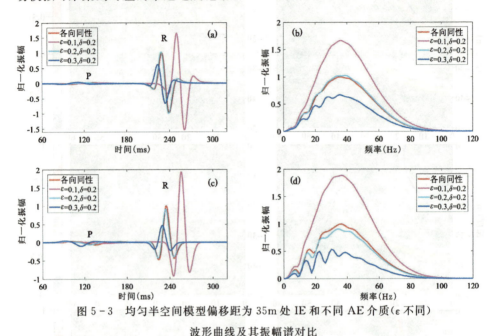

图 5-3  均匀半空间模型偏移距为 35m 处 IE 和不同 AE 介质(ε 不同)
波形曲线及其振幅谱对比

(a)Vz 分量波形曲线;(b)Vz 分量振幅谱;(c)Vx 分量波形曲线;(d)Vx 分量振幅谱

图 5-3 给出了均匀半空间模型偏移距为 35m 处 IE 和不同 AE 介质波形曲线及其振幅谱对比,其中 AE 介质的模拟结果分别对应表 5-1 中的模型5-1-1(粉红色)、模型 5-1-2(深蓝色)和模型 5-1-3(浅蓝色)。这 3 个模型的 Thomsen 参数中,δ 相同,ε 分别为 0.1、0.3 和 0.2。由图可见,由于检波器置于自由表面上,因此只有瑞雷波(R)和纵波(P)被记录到;介质的各向异性对瑞雷波传播特性有显著和复杂的影响,当 δ 一定时,随着 ε 从 0.3 降低到 0.1,瑞雷波和纵波的起跳时间越来越晚,瑞雷波的振幅越来越大,纵波的振幅越来越小,但对瑞雷波的影响更大,本书主要探讨瑞雷波的变化。与 IE 介质的瑞雷波(红色)相比,ε=0.3 对应的 AE 介质的瑞雷波(深蓝色)起跳明显更早,振幅明显更小,例如,Vz 分量的振幅约为 IE 介质瑞雷波振幅的 0.7 倍;ε=0.2 对应的 AE 介质的瑞雷波(浅蓝色)起跳略微更早,振幅比较接近,其中 Vz 分量的振幅略微更大,Vx 分量的振幅略

微更小;ε=0.1对应的AE介质的瑞雷波(粉红色)起跳明显更晚,振幅明显更大,例如,Vz分量的振幅约为IE介质瑞雷波振幅的1.7倍。与IE介质的瑞雷波(红色)相比,AE介质对应的振幅谱中心频率基本保持不变,振幅在低频段和高频段的变化基本上关于中心频率对称,这说明介质的各向异性并没有引起瑞雷波相位变化。振幅谱上峰值和谷值的变化是由瑞雷波和纵波振幅大小相对变化引起的。

图5-4给出了均匀半空间模型偏移距为35m处IE和不同AE介质波形曲线及其振幅谱对比,其中AE介质的模拟结果分别对应表5-1中的模型5-1-3(浅蓝色)、模型5-1-4(粉红色)和模型5-1-5(深蓝色)。在这3个模型的Thomsen参数中,ε相同,δ分别为0.2、0.3和0.1。图5-4中瑞雷波和纵波随δ从0.1增大到0.3的变化规律(ε一定)和图5-3中瑞雷波和纵波随ε从0.3降低到0.1的变化规律(δ一定)基本一致。因此,Thomsen参数中,ε和δ在对方一定的条件下,所引起数值模拟结果的变化规律是相反的,具体可以参考图5-3分析。

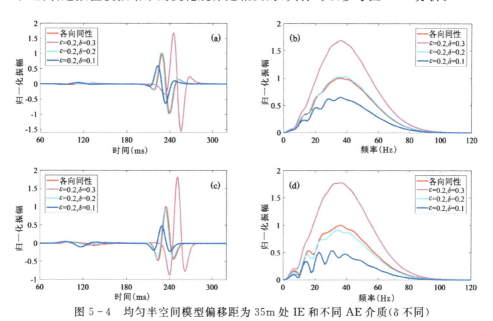

图5-4 均匀半空间模型偏移距为35m处IE和不同AE介质(δ不同)波形曲线及其振幅谱对比

(a)Vz分量波形曲线;(b)Vz分量振幅谱;(c)Vx分量波形曲线;(d)Vx分量振幅谱

图 5-5 给出了均匀半空间模型(模型 5-1-6)偏移距为 35m 处 IE、AE 和 AV 介质波形曲线及其振幅谱对比。由图可见,3 种介质的模拟结果在波形、振幅和旅行时上均存在显著差异。与 IE 介质相比,由于各向异性的影响,AE 介质地震波旅行时明显变短,瑞雷波振幅明显变小,纵波振幅略微增大。与 AE 介质相比,由于介质粘弹性的影响,AV 介质瑞雷波振幅显著衰减,高频成分比低频成分衰减得更加严重,振幅谱中心频率向低频端移动;由于 $Q_P$ 大于 $Q_S$,所以纵波衰减没有瑞雷波明显。IE 介质与 AV 介质模拟结果的差异主要由介质的各向异性和粘弹性共同影响所致。

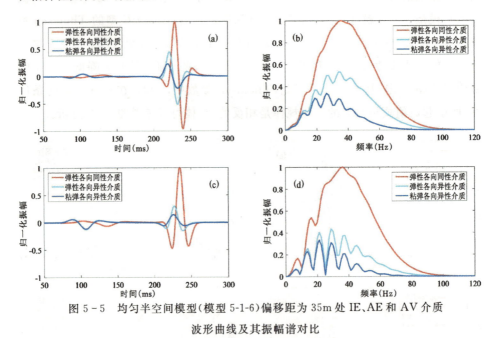

图 5-5　均匀半空间模型(模型 5-1-6)偏移距为 35m 处 IE、AE 和 AV 介质波形曲线及其振幅谱对比

(a)Vz 分量波形曲线;(b)Vz 分量振幅谱;(c)Vx 分量波形曲线;(d)Vx 分量振幅谱

### 5.1.3　不同偏移距对比

为了分析偏移距对粘弹各向异性介质瑞雷波地震波场的影响,图 5-6 给出了均匀半空间模型偏移距为 20m、35m 和 50m 处 IE、AE 和 AV 介质波形曲线的对比。由图可见,在 IE 介质和 AE 介质中纵波由于几何扩散,其振幅随偏移距的

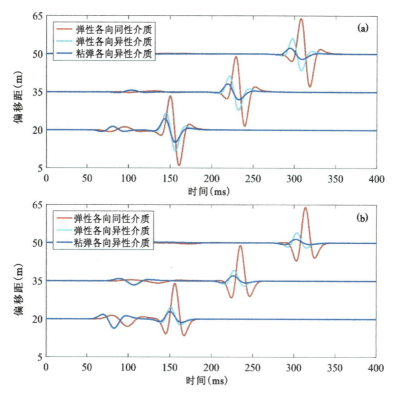

图 5-6　均匀半空间模型偏移距为 20m、35m 和 50m 处 IE、AE 和 AV 介质波形曲线对比

(a)Vz 分量;(b)Vx 分量

增大而减小,而瑞雷波由于在自由表面附近传播,其振幅几乎不随偏移距的变化而改变或变化非常缓慢。在 AV 介质中,由于介质粘弹性的影响,瑞雷波振幅随偏移距的增大而减小。

### 5.1.4　频散能量图对比

图 5-7 给出了利用模型 5-1-6 模拟的 IE、AE 和 AV 介质瑞雷波垂直分量地震记录及其利用高分辨率线性拉东变换(Wang et al.,2006)获得的频散能量图的对比。波场模拟时道数为 90 道,最小偏移距为 11m,道间距为 1m,模拟时长为 0.8s。由图可见,在炮集记录上瑞雷波清晰可见,其能量占主导地位,同相轴

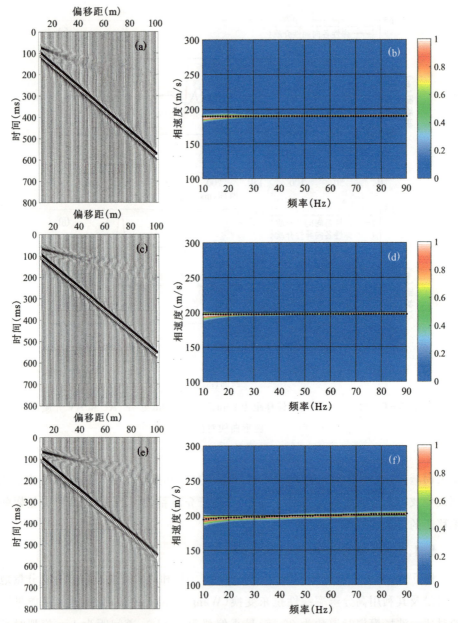

图 5-7 均匀半空间模型(模型 5-1-6)IE、AE 和 AV 介质炮集记录及其频散能量图的对比
(a)IE 介质的炮集记录;(b)IE 介质的频散能量图;(c)AE 介质的炮集记录;
(d)AE 介质的频散能量图;(e)AV 介质的炮集记录;(f)AV 介质的频散能量图

第 5 章　粘弹各向异性介质多分量瑞雷波波场传播特性

呈一条倾斜直线。IE[图 5-7(a)]和 AE[图 5-7(c)]介质瑞雷波振幅基本上不随偏移距的变化而变化。与 IE 介质相比,AE 介质瑞雷波振幅更低,同相轴倾斜程度更小,相速度更大。与 AE 介质相比,由于介质粘弹性的影响,AV 介质[图 5-7(e)]瑞雷波振幅明显衰减,且衰减程度随偏移距增大而增强。

由频散能量图可见,3 种介质瑞雷波频散能量最大峰值均能与理论值较好地吻合,这进一步验证了波场模拟和频散曲线正演模拟结果的正确性。IE[图 5-7(b)]和 AE[图 5-7(d)]介质在小于 20Hz 的频带范围内略有误差,分析其原因,可能主要是由数值模拟计算误差、非平面波传播和体波干扰影响等引起。在图 5-7(b)中,由于瑞雷波在 IE 介质均匀半空间中没有频散特性,所以其以一固定的相速度(190m/s)传播,频散曲线为一条直线。在图 5-7(d)中,AE 介质瑞雷波相速度也是一个固定的常数(197m/s),这表明瑞雷波在 AE 介质均匀半空间中也没有频散特性,但由于各向异性参数的影响,AE 介质瑞雷波相速度高于 IE 介质瑞雷波相速度。在图 5-7(f)中,由于介质粘弹性的影响,AV 介质瑞雷波相速度发生了频散,且随着频率的增大而增大,频散曲线为一条曲线,频散能量的分辨率也明显降低。

## 5.2　两层地质模型

表 5-3 给出了一个粘弹各向异性介质两层速度递增型地质模型。这类模型在近地表第四系沉积地层或土层中经常遇到,两层模型在地表静校正研究中也经常用到。本节将利用该模型分析介质的粘弹各向异性对层状介质瑞雷波传播特性的影响。

**表 5-3　各向异性粘弹性介质两层速度递增型地质模型参数**(模型 5-2-1)

| 层序号 | 横波速度 $V_S$(m/s) | 纵波速度 $V_P$(m/s) | 密度 $\rho$(g/cm³) | 层厚度 $h$(m) | 品质因子 $Q$ | Thomsen 参数 | |
|---|---|---|---|---|---|---|---|
| | | | | | | $\varepsilon$ | $\delta$ |
| 1 | 200 | 663 | 1.9 | 12 | 20 | 0.4 | 0.2 |
| 2 | 500 | 1658 | 2.0 | 半空间 | 50 | 0.4 | 0.2 |

模拟采用表 3-1 中的参数，同时设置垂直分量和水平分量检波器进行采集，采集时长为 1.0s。图 5-8 和图 5-9 分别给出了利用模型 5-2-1 模拟获得的 IE、AE 和 AV 介质瑞雷波垂直分量和水平分量炮集记录及其对应的频散能量图。

由图 5-8 和图 5-9 中的炮集记录和频散能量图可见，因为采用了标准交错网格高阶有限差分正演模拟技术、SIM 自由表面边界处理条件和 M-PML 吸收边界条件，大大削弱了数值频散和人工边界反射等数值模拟假象，显著提高了数值模拟精度。图中瑞雷波地震记录清晰可见，且呈发散的扫帚状，瑞雷波频散能量最大峰值均能同理论值较好地吻合，这进一步验证了波场模拟和频散曲线正演模拟结果的正确性。

与 IE 介质相比，由于介质各向异性的影响，在图 5-8(c)和图 5-9(c)的 AE 介质炮集记录中瑞雷波同相轴更加集中，同相轴倾角变缓，数量变少，瑞雷波振幅变小，地震波旅行时变短。在图 5-8(d)和图 5-9(d)AE 介质频散能量图中瑞雷波相速度更高，相邻模式间距明显增大；高阶模式数量明显减少，其频散能量更强，连续性更好，频带范围更宽。

与 AE 介质相比，由于介质粘弹性的影响，在图 5-8(e)和图 5-9(e)的 AV 介质炮集记录中瑞雷波振幅衰减严重，同相轴数目明显减少，高频同相轴衰减更加剧烈。在图 5-8(f)和图 5-9(f)AV 介质频散能量图中瑞雷波高阶模式频散能量衰减严重，尤其是 Vx 分量，AV 介质频散能量的分辨率也有所降低。

## 5.3 四层地质模型

为了研究瑞雷波在多层各向异性粘弹介质中的频散和衰减特性，表 5-4 给出了各向异性粘弹介质四层速度递增型地质模型参数（模型 5-3-1），表 5-5 给出了各向异性粘弹介质四层含低速软夹层地质模型参数（模型 5-3-2），表 5-6 给出了各向异性粘弹介质四层含高速硬夹层地质模型参数（模型 5-3-3）。

笔者分别利用这 3 个地质模型，进行 IE、AE 和 AV 介质波场模拟对比，分析瑞雷波在多层各向异性粘弹性层状介质中的波场特征和传播特性。模拟时采用表 3-1 中的参数，限于篇幅，本书仅给出垂直分量地震记录，采集时长为 1.0s。

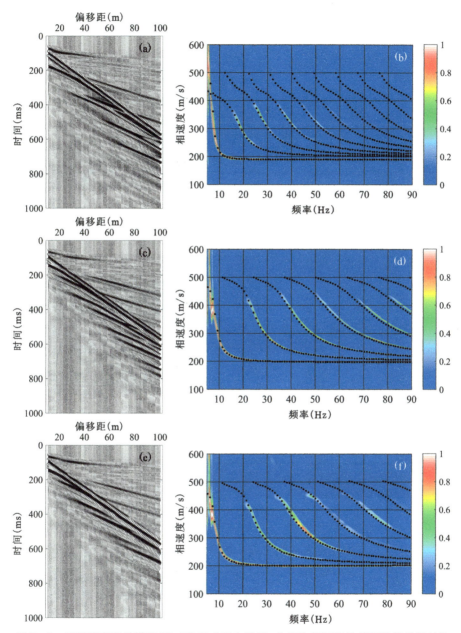

图 5-8 两层速度递增模型 IE、AE 和 AV 介质 Vz 分量炮集记录及其频散能量图对比
(a)IE 介质的炮集记录;(b)IE 介质的频散能量图;(c)AE 介质的炮集记录;
(d)AE 介质的频散能量图;(e)AV 介质的炮集记录;(f)AV 介质的频散能量图

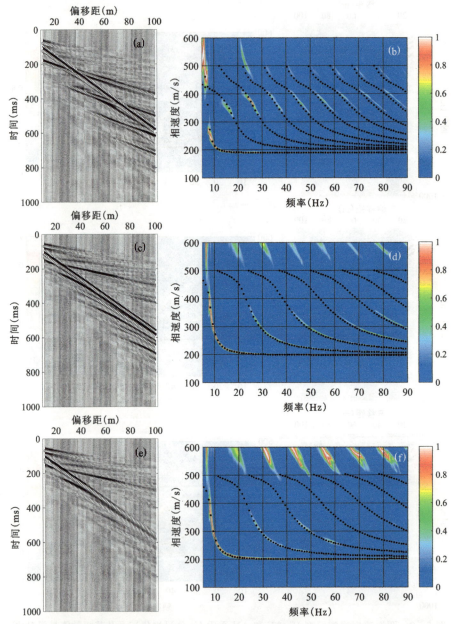

图 5-9 两层速度递增模型 IE、AE 和 AV 介质 Vx 分量炮集记录及其频散能量图对比
(a)IE 介质的炮集记录;(b)IE 介质的频散能量图;(c)AE 介质的炮集记录;
(d)AE 介质的频散能量图;(e)AV 介质的炮集记录;(f)AV 介质的频散能量图

表5-4 各向异性粘弹性介质四层速度递增型地质模型参数(模型5-3-1)

| 层序号 | 横波速度 $V_S$(m/s) | 纵波速度 $V_P$(m/s) | 密度 $\rho$(g/cm³) | 层厚度 $h$(m) | 品质因子 $Q$ | Thomsen参数 $\varepsilon$ | Thomsen参数 $\delta$ |
|---|---|---|---|---|---|---|---|
| 1 | 200 | 663 | 2.0 | 5 | 20 | 0.4 | 0.2 |
| 2 | 300 | 995 | 2.0 | 4 | 30 | 0.4 | 0.2 |
| 3 | 400 | 1327 | 2.0 | 6 | 40 | 0.4 | 0.2 |
| 4 | 500 | 1658 | 2.0 | 半空间 | 50 | 0.4 | 0.2 |

表5-5 各向异性粘弹性介质四层含低速软夹层地质模型参数(模型5-3-2)

| 层序号 | 横波速度 $V_S$(m/s) | 纵波速度 $V_P$(m/s) | 密度 $\rho$(g/cm³) | 层厚度 $h$(m) | 品质因子 $Q$ | Thomsen参数 $\varepsilon$ | Thomsen参数 $\delta$ |
|---|---|---|---|---|---|---|---|
| 1 | 300 | 609 | 2.0 | 5 | 30 | 0.4 | 0.2 |
| 2 | 200 | 735 | 2.0 | 4 | 20 | 0.4 | 0.2 |
| 3 | 400 | 1327 | 2.0 | 6 | 40 | 0.4 | 0.2 |
| 4 | 500 | 1658 | 2.0 | 半空间 | 50 | 0.4 | 0.2 |

表5-6 各向异性粘弹介质四层含高速硬夹层地质模型参数(模型5-3-3)

| 层序号 | 横波速度 $V_S$(m/s) | 纵波速度 $V_P$(m/s) | 密度 $\rho$(g/cm³) | 层厚度 $h$(m) | 品质因子 $Q$ | Thomsen参数 $\varepsilon$ | Thomsen参数 $\delta$ |
|---|---|---|---|---|---|---|---|
| 1 | 200 | 663 | 2.0 | 5 | 20 | 0.4 | 0.2 |
| 2 | 400 | 812 | 2.0 | 4 | 40 | 0.4 | 0.2 |
| 3 | 300 | 1102 | 2.0 | 6 | 30 | 0.4 | 0.2 |
| 4 | 500 | 1658 | 2.0 | 半空间 | 50 | 0.4 | 0.2 |

### 5.3.1 速度递增型的地质模型

图 5-10 给出了利用模型 5-3-1 模拟的 IE、AE 和 AV 介质对应的垂直分量瑞雷波炮集记录及频散能量图。由图可见,由于采用了标准交错网格高阶有限差分正演模拟技术、SIM 自由表面边界处理条件和 M-PML 人工吸收边界条件,数值频散和人工边界反射等数值模拟假象大大削弱,显著提高了数值模拟精度。图中瑞雷波地震记录清晰可见,且呈发散的扫帚状,瑞雷波频散能量最大峰值均能同理论值较好地吻合,这进一步验证了波场模拟和频散曲线正演模拟结果的正确性。

与 IE 介质相比,由于介质各向异性的影响,AE 介质炮集记录中[图 5-10(c)]瑞雷波同相轴更加集中,同相轴倾角变缓,数量变少,地震波旅行时变短。在 AE 介质频散能量图中[图 5-10(d)],瑞雷波相速度更高,相邻模式间距明显增大;高阶模式数量明显减少,其频散能量更强,连续性更好,频带范围更宽。与 AE 介质相比,由于介质粘弹性的影响,AV 介质炮集记录中[图 5-10(e)]瑞雷波振幅衰减严重,同相轴数目明显减少,高频同相轴衰减更加剧烈。在 AV 介质频散能量图中[图 5-10(f)]瑞雷波高阶模式频散能量有一定衰减,频散能量的分辨率也有所降低。

### 5.3.2 含低速软夹层地质模型

图 5-11 给出了利用模型 5-3-2 模拟获得的 IE、AE 和 AV 介质对应的垂直分量瑞雷波炮集记录及其频散能量图。该图中瑞雷波地震记录清晰可见,且呈发散的扫帚状,瑞雷波频散能量最大峰值均能同理论值较好地吻合。与 IE 介质相比,由于介质各向异性的影响,AE 介质炮集记录中[图 5-11(c)]瑞雷波同相轴更加集中,同相轴倾角变缓,数量变少,地震波旅行时变短。在 AE 介质频散能量图中[图 5-11(d)]瑞雷波相速度更高,相邻模式间距明显增大;高阶模式数量明显减少,其频散能量更强,连续性更好,频带范围更宽。与 AE 介质相比,由于介质粘弹性的影响,AV 介质炮集记录中[图 5-11(e)]瑞雷波振幅衰减严重,同相轴数目明显减少,高频同相轴衰减更加剧烈。在 AV 介质频散能量图中[图 5-11(f)]瑞雷波高阶模式频散能量有一定衰减,频散能量的分辨率也有所降低。

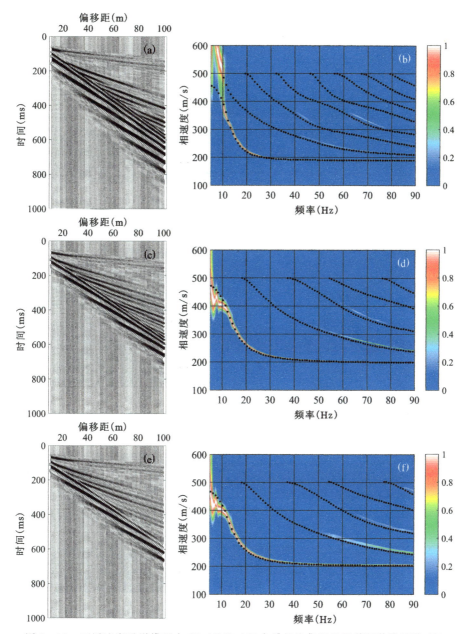

图 5-10　四层速度递增模型中 IE、AE 和 AV 介质的炮集记录及其频散能量图对比
(a)IE 介质的炮集记录；(b)IE 介质的频散能量图；(c)AE 介质的炮集记录；
(d)AE 介质的频散能量图；(e)AV 介质的炮集记录；(f)AV 介质的频散能量图

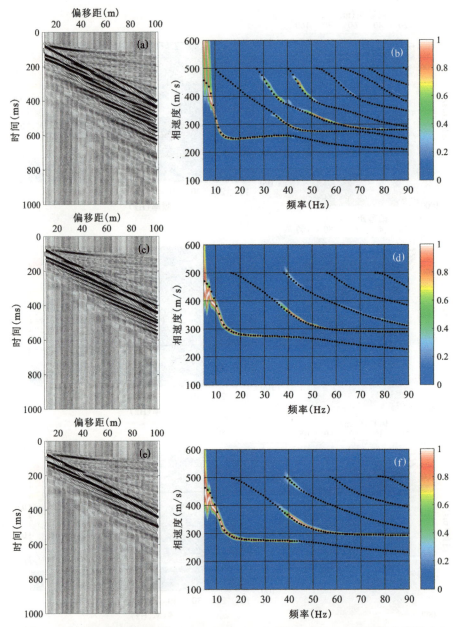

图 5-11 四层含低速软夹层模型 IE、AE 和 AV 介质的炮集记录及其频散能量图对比
(a)IE 介质的炮集记录;(b)IE 介质的频散能量图;(c)AE 介质的炮集记录;
(d)AE 介质的频散能量图;(e)AV 介质的炮集记录;(f)AV 介质的频散能量图

### 5.3.3 含高速硬夹层地质模型

图 5-12 给出了利用模型 5-3-3 模拟获得的 IE、AE 和 AV 介质对应的垂直分量瑞雷波炮集记录及其频散能量图。由图可见,瑞雷波地震记录清晰可见,且呈发散的扫帚状,瑞雷波频散能量最大峰值均能同理论值相对较好地吻合。

与 IE 介质相比,由于介质各向异性的影响,AE 介质炮集记录中[图 5-12(c)]瑞雷波同相轴更加集中,同相轴倾角变缓,数量变少,地震波旅行时变短。在 AE 介质频散能量图中[图 5-12(d)]瑞雷波相速度更高,相邻模式间距明显增大;高阶模式数量明显减少,第一高阶模式在 10~20Hz 频带内的频散能量消失。

与 AE 介质相比,由于介质粘弹性的影响,AV 介质炮集记录中[图 5-12(e)]瑞雷波振幅衰减严重,同相轴数目明显减少,高频同相轴衰减更加剧烈。在 AV 介质频散能量图中[图 5-12(f)]瑞雷波第一高阶模式频散能量有一定程度衰减,同时第三高阶模式的频散能量突然出现。

## 5.4 复杂地质模型

在实际地球介质中,经常会遇到由于人类活动或者自然形成的断层、空洞这些复杂地质结构。本节笔者将建立这两种各向异性粘弹复杂地质模型,以模拟研究瑞雷波在其中的衰减和频散特征。

### 5.4.1 断层地质模型

图 5-13 给出了笔者设计的 1 个各向异性粘弹介质含断层两层递增型地质模型(模型 5-4-1),模型各参数在图中已标明。模拟采用表 3-1 中的参数,震源设置在断层左侧,且与断层面右端的水平距离为 55m,设置垂直分量检波器进行采集,采集时长为 1.0s。

图 5-14 给出了利用模型 5-4-1 模拟的 IE、AE 和 AV 介质对应的瑞雷波炮集记录及其频散能量图。与 IE 介质炮集记录相比,由于介质各向异性的影响,AE 介质炮集记录中[图 5-14(c)]正常瑞雷波和绕射瑞雷波同相轴都更加集中,同相轴倾角变缓,数量变少,振幅有所减弱,地震波旅行时变短。与 AE 介质炮集记录相比,由于介质粘弹性的影响,AV 介质炮集记录中[图 5-14(e)]瑞雷波振幅衰减严重,同相轴数目明显减少,偏移距 55m 右侧的同相轴和高频同相轴衰

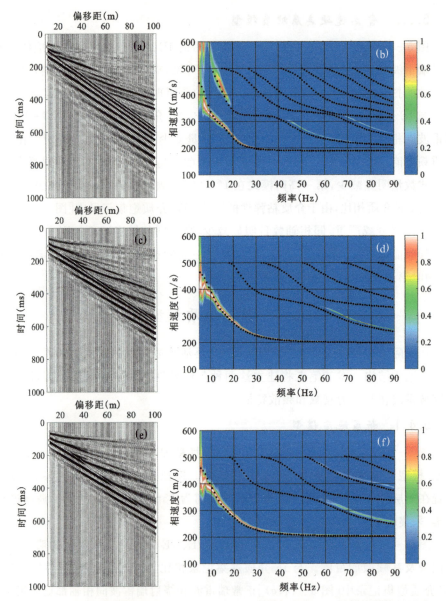

图 5-12 四层含高速硬夹层模型 IE、AE 和 AV 介质的炮集记录及其频散能量图对比
(a)IE 介质的炮集记录;(b)IE 介质的频散能量图;(c)AE 介质的炮集记录;
(d)AE 介质的频散能量图;(e)AV 介质的炮集记录;(f)AV 介质的频散能量图

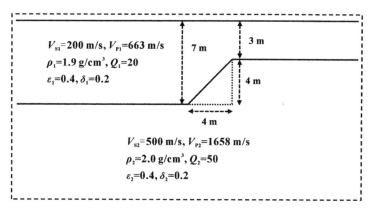

图 5-13 各向异性粘弹性介质含断层两层递增型地质模型(模型 5-4-1)

减更加剧烈。

在图 5-14 的频散能量图中,黑色小圆点和红色小三角均代表利用简化的 Delta 矩阵法计算得到的不含断层两层地质模型的瑞雷波频散曲线理论值,前者对应第一层层厚为 7m 的模型(模型 A),后者对应第一层层厚为 3m 的模型(模型 B)。

与 IE 介质频散能量图[图 5-14(b)]相比,由于介质各向异性的影响,AE 介质瑞雷波频散能量图中[图 5-14(d)]各阶模式相速度明显增高,相邻模式间距明显增大,高阶模式数量明显减少;模型 A 和模型 B 基阶模式的频散能量已经分离,模型 A 第一高阶模式和模型 B 基阶模式的频散能量已经分离;模型 A 基阶模式频散能量贯穿了整个频带范围,但连续性较差;模型 B 基阶模式在大于 30Hz 的频带范围内能量占主导地位。与 AE 介质频散能量图相比,由于介质粘弹性的影响,AV 介质频散能量图中[图 5-14(f)]模型 B 对应的频散能量衰减严重,使模型 A 对应的频散能量相对更加连续和显著,模型 A 基阶模式频散能量占主导地位,且贯穿于整个频带范围内,其第一和第二高阶模式也显示出了连续的频散能量。

### 5.4.2 空洞地质模型

图 5-15 给出了笔者设计的 1 个各向异性粘弹性介质含空洞两层速度递增型地质模型,即模型 5-4-2(空洞位于第一层介质中),模型各参数已在图中标明。

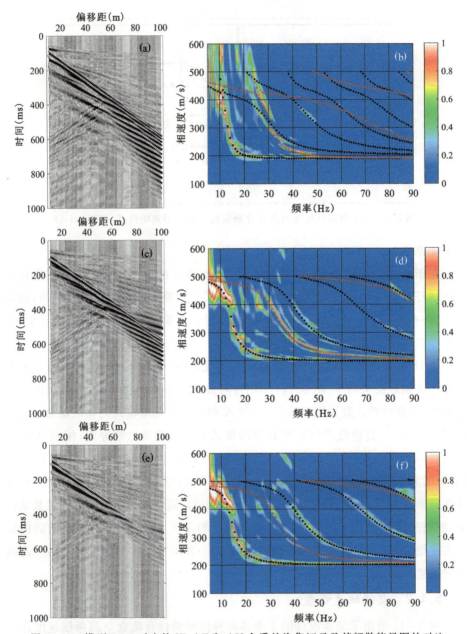

图 5-14 模型 5-4-1 对应的 IE、AE 和 AV 介质的炮集记录及其频散能量图的对比
(a)IE 介质的炮集记录;(b)IE 介质的频散能量图;(c)AE 介质的炮集记录;
(d)AE 介质的频散能量图;(e)AV 介质的炮集记录;(f)AV 介质的频散能量图

模拟采用表3-1中的参数,震源设置在空洞左侧,且与空洞左边界的水平距离为55m,设置垂直分量检波器进行采集,采集时长为1.0s。

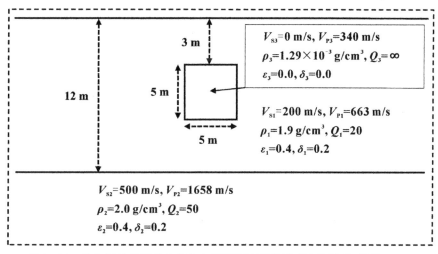

图5-15 各向异性粘弹性介质含空洞两层速度递增型地质模型(模型5-4-2)

图5-16给出了利用模型5-4-2模拟的IE、AE和AV介质对应的垂直分量瑞雷波炮集记录及频散能量图。由图可见,与IE介质炮集记录相比,由于介质各向异性的影响,AE介质炮集记录中[图5-16(c)]正常瑞雷波和绕射瑞雷波同相轴倾角变缓,同相轴更加集中,数量明显变少;地震波旅行时变短。与AE介质炮集记录相比,由于介质粘弹性的影响,AV介质炮集记录中[图5-16(e)]瑞雷波振幅衰减严重,同相轴数目明显减少,偏移距55m右侧的同相轴和高频同相轴衰减更加剧烈。

在图5-16的频散能量图中,黑色圆点代表利用简化的Delta矩阵法计算得到的不含空洞两层地质模型的瑞雷波相速度理论值。与IE介质频散能量图相比,由于介质各向异性的影响,AE介质瑞雷波频散能量图中[图5-16(d)]各阶模式相速度明显提高,相邻模式间距明显增大,高阶模式数量明显减少,高阶模式频散能量更强,其连续性更好。由于绕射波的影响依然存在,因此高阶模式频散能量存在间断,频散能量与理论相速度也稍有偏差。与AE介质频散能量图相比,由于介质粘弹性的影响,AV介质频散能量图中[图5-16(f)]瑞雷波高阶

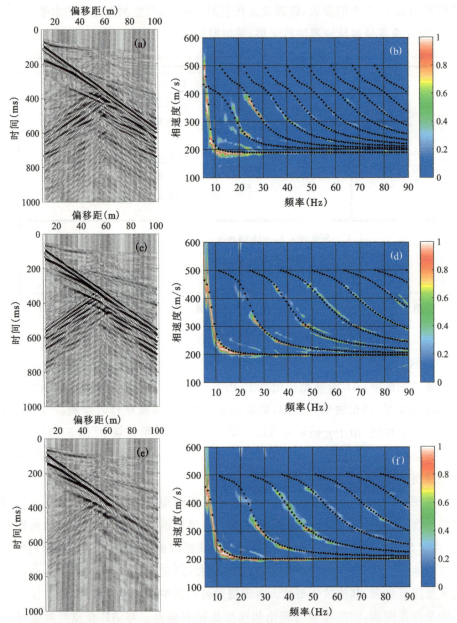

图 5-16 模型 5-4-2 对应的 IE、AE 和 AV 介质炮集记录及其频散能量图的对比
(a)IE 介质的炮集记录;(b)IE 介质的频散能量图;(c)AE 介质的炮集记录;
(d)AE 介质的频散能量图;(e)AV 介质的炮集记录;(f)AV 介质的频散能量图

模式频散能量衰减严重,其分辨率也明显降低;基阶模式在整个频段都具有显著连续的频散能量;由于高频绕射波衰减严重,频散能量变得整洁连续;在小于 30 Hz 的频率范围内,频散能量与理论相速度仍不能吻合,这是因为低频绕射波的影响依然存在。

# 主要参考文献

崔岩,王彦飞,2022.瑞雷波多阶模式频散曲线稀疏正则化反演方法研究[J].地球物理学报,65(3):1086-1095.

宫丰,陈晓非,凡友华,等,2022.久期函数值作为目标函数的瑞雷波频散曲线反演[J].工程地球物理学报,19(5):742-752.

宋先海,李瑞有,顾汉明,等,2010.瑞雷波勘探理论及其应用[M].北京:中国水利水电出版社.

吴国忱,2006.各向异性介质地震波传播与成像[M].东营:中国石油大学出版社.

夏江海,2015.高频面波方法[M].武汉:中国地质大学出版社.

张凯,张保卫,刘建勋,等,2016.层状粘弹性介质中Rayleigh波频散曲线"交叉"现象分析[J].地球物理学报,59(3):972-980.

张志厚,石泽玉,马宁,等,2022.瑞雷波频散曲线的深度学习反演方法[J].地球物理学报,65(6):2244-2259.

BLANC E, KOMATITSCH D, CHALJUB E, et al., 2016. Highly accurate stability preserving optimization of the Zener viscoelastic model, with application to wave propagation in the presence of strong attenuation[J]. Geophysical Journal International, 205(1): 427-439.

BLANCH J O, ROBERTSSON J O A, SYMES W W, 1995. Modeling of a constant Q: methodology and algorithm for an efficient and optimally inexpensive viscoelastic technique[J]. Geophysics, 60(1): 176-184.

BOHLEN T, SAENGER E H, 2006. Accuracy of heterogeneous staggered-grid finite-difference modeling of Rayleigh waves[J]. Geophysics, 71(4): T109-T115.

CARCIONE J M, KOSLOFF D, KOSLOFF R, 1988. Wave propagation

simulation in a linear viscoelastic medium[J]. Geophysical Journal International, 95(3): 597-611.

CARCIONE J M,1992. Modeling anelastic singular surface waves in the Earth[J]. Geophysics,57(6): 781-792.

CARCIONE J M,1994. Time-dependent boundary conditions for the 2-D linear anisotropic-viscoelastic wave equation[J]. Numerical Methods for Partial Differential Equations,10(6): 771-791.

CARCIONE J M,1995. Constitutive model and wave equations for linear, viscoelastic,anisotropic media[J]. Geophysics,60(2): 537-548.

CARCIONE J M,2015. Wave fields in real media: wave propagation in anisotropic,anelastic, porous and electromagnetic media[M]. 3rd ed. Waltham, MA,USA: Elsevier.

DAL MORO G,2015. Surface wave analysis for near surface applications[M]. Waltham,MA,USA: Elsevier.

EMMERICH H,KORN M,1987. Incorporation of attenuation into time-domain computations of seismic wave fields[J]. Geophysics,52(9): 1252-1264.

IKEDA T,MATSUOKA T,2013. Computation of Rayleigh waves on transversely isotropic media by the reduced delta matrix method[J]. Bulletin of the Seismological Society of America,103(3): 2083-2093.

ROBERTSSON J O A,1996. A numerical free-surface condition for elastic/viscoelastic finite-difference modeling in the presence of topography [J]. Geophysics,61(6): 1921-1934.

THOMSEN L,1986. Weak elastic anisotropy[J]. Geophysics,51(10): 1954-1966.

VASHISTH D,SHEKAR B,SRIVASTAVA S,2022. Joint inversion of Rayleigh wave fundamental and higher order mode phase velocity dispersion curves using multi-objective grey wolf optimization[J]. Geophysical Prospecting, 70(3):479-501.

WANG X,FENG X,DONG X R,et al. ,2023. Shallow structure imaging using multi-mode dispersion curves based on multi-window HLRT in DAS observation[J]. Pure and Applied Geophysics,180(3):863-878.

ZENG C,XIA J,MILLER R D,et al. ,2011. Application of the multiaxial perfectly matched layer (M-PML) to near-surface seismic modeling with Rayleigh waves[J]. Geophysics,76(3): T43-T52.